数　学

/10 点

（1）$-3+9$ を計算しなさい。

（1）	
（2）	
（3）	
（4）	
（5）	

各2点

（2）1冊 a 円のノートを3冊買って，1000円出したとき
　　のおつりを表す式を書きなさい。

（3）$x=2$ のとき，$3x-3$ の値を求めなさい。

（4）傾きが3で，切片が -1 の直線の式を求めなさい。

（5）AとBの2つのさいころを同時に投げるとき，
　　出る目の数の和が10以上になる確率を求めなさい。

/10 点

（1）$-3-(-7)$　を計算しなさい。

（1）	
（2）	
（3）	
（4）	
（5）	

各2点

（2）絶対値が3未満の整数をすべて書きなさい。

（3）35の約数をすべて求めなさい。

（4）比例式 $10 : x = 5 : 3$ を満たす x の値を求めなさい。

（5）右の図の直方体で，面AEFBと垂直な辺をすべて
　　書きなさい。

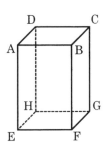

数学5問

第3回 テスト

（1）$7 + 2 \times (-6)$ を計算しなさい。

（1）	
（2）	
（3）	
（4）	
（5）	

各2点

（2）$a = 2$ のとき，$8 - a^2$ の値を求めなさい。

（3）生徒500人の a ％の人数を a を用いて表しなさい。

（4）y は x に反比例し，$x = 2$ のとき $y = 4$ である。

　　y を x の式で表しなさい。

（5）半径が3㎝の円の面積を求めなさい。

/10 点

（1）$-16 \div (7-3)$ を計算しなさい。

(1)	
(2)	
(3)	
(4)	
(5)	

各2点

（2）a km の道のりを5時間で歩くとき，1時間に進む

　　道のりを求めなさい。

（3）次のア～エのうち，正しいものをすべて選びなさい。

　　　ア　分数＋分数の答えが整数になるものがある。

　　　イ　自然数×自然数の答えが負の数になることがある。

　　　ウ　自然数×整数の答えはいつも自然数になる。

　　　エ　整数＋整数の答えはいつも整数になる。

（4）1次関数 $y = -3x + 2$ について，変化の割合を求めなさい。

（5）右の図は円柱の展開図である。この円柱の体積を

　　求めなさい。

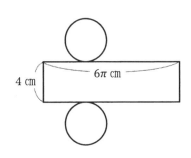

4 cm　　6π cm

数学5問

/10 点

（1）$10 - (-3)^2 \times 2$ を計算しなさい。

(1)
(2)
(3)
(4)
(5) $\angle a$
$\angle b$

（1）〜（4）各2点
（5）各1点

（2）10以下の素数の和を求めなさい。

（3）連立方程式 $\begin{cases} 3x + y = 3 \\ x + y = 13 \end{cases}$ を解きなさい。

（4）y は x の1次関数で，そのグラフが2点$(1, 1), (4, 10)$
　　を通るとき，この1次関数の式を求めなさい。

（5）右の図の平行四辺形ABCDで，$\angle a$, $\angle b$の大きさ
　　を求めなさい。

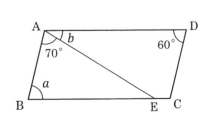

/10 点

（1）0.6＋0.3×7 を計算しなさい。

（1）	
（2）	
（3）	
（4）	
（5）	

各２点

（2）１次方程式 $2x - 5 = -1$ を解きなさい。

（3）ある数 x の５倍から１をひいた差は，x の７倍と３との和に等しい。ある数 x を求めなさい。

（4）直線 $y = x + 1$ のグラフと直線 $y = -2x + 7$ のグラフの交点の座標を求めなさい。

（5）正十二角形の１つの外角の大きさを求めなさい。

第7回 テスト

/10 点

（1）$\dfrac{2a-1}{5} + \dfrac{a}{2}$ を計算しなさい。

(1)	
(2)	
(3)	
(4)	
(5)	

各2点

（2）$a = -2$, $b = 3$ のとき，$a^2 - 2b$ の値を求めなさい。

（3）点$(2, 1)$を通り，傾きが-2の直線の式を求めなさい。

（4）2枚の100円硬貨を同時に投げるとき，2枚とも表になる確率を求めなさい。

（5）右の図のような，半径が4cm，中心角が135°のおうぎ形がある。このおうぎ形の面積を求めなさい。

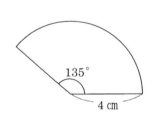

135°

4 cm

数学5問

/10 点

（1）$12a^2 \div 4a^2 \times (-2a)$ を計算しなさい。

（2）一次方程式 $\dfrac{7x+2}{5} = \dfrac{3x-1}{2}$ を解きなさい。

（1）	
（2）	
（3）	
（4）	
（5）	

各2点

（3）リンゴを何人かの子どもに分けるのに，1人に
　　2個ずつ分けると14個余り，3個ずつ分けると
　　6個余る。子どもの人数を求めなさい。

（4）AさんとBさんの体重の比は5：4で，2人の体重
　　の合計は108 kg である。Aさんの体重を求めなさい。

（5）あるクラスの8人の走り幅跳びの記録(cm)は，次
　　のようであった。この8人の中央値を求めなさい。

　　451, 290, 422, 387, 398, 436, 342, 525

/10 点

（1）$(12x^2y - 9xy) \div 3xy$ を計算しなさい。

（1）
（2）
（3）
（4）
（5）体積
表面積

（1）〜（4）各2点
（5）各1点

（2）45 を素因数分解しなさい。

（3）$4ax - 2ay$ を因数分解しなさい。

（4）$4x + 5y = 3x + 2y = 14$ を解きなさい。

（5）右の図は正四角錐の投影図である。
　　この正四角錐の体積と表面積を, それ
　　ぞれ求めなさい。

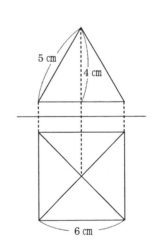

数学5問

（1）$\sqrt{2}+2\sqrt{2}+3\sqrt{2}$ を計算しなさい。

（2）2次方程式 $x^2-5x+6=0$ を解きなさい。

（3）百の位の数字が a，十の位の数字が b，一の位の
数字が8の3けたの自然数を a, b を用いて表しな
さい。

（4）一次関数 $y=ax-2$ のグラフは，点 $(6, 6)$ を通る。
$x=3$ のときの y の値を求めなさい。

（5）右の図のように，正方形の紙を折り返す
とき，$\angle x$，$\angle y$ の大きさを求めなさい。

(1)
(2)
(3)
(4)
(5) $\angle x$
$\angle y$

（1）～（4）各2点
（5）各1点

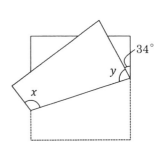

数学5問

（1）$\sqrt{24} + \sqrt{2} \times \sqrt{3}$　を計算しなさい。

（1）	
（2）	
（3）	
（4）	
（5）	

各2点

（2）2次方程式 $x^2 = 49$ を解きなさい。

（3）y は x の2乗に比例し，$x = 2$ のとき $y = 1$ である。
　　 y を x の式で表しなさい。

（4）5角形の内角の和を求めなさい。

（5）A, Bの2人がじゃんけんを1回した。Aが勝つ確率
　　を求めなさい。

（1）$3\sqrt{3} - 6 \div \sqrt{3}$ を計算しなさい。

（2）2次方程式 $x^2 - 4x + 3 = 0$ を解きなさい。

（3）$y = x^2$ について，x の値が 1 から 3 まで
　　　増加するときの変化の割合を求めなさい。

（1）	
（2）	
（3）	
（4）ア	
イ	
（5）	

（4）各1点　他各2点

（4）右の表は,生徒 15 人の体重の度数分布表である。

　　　ア．体重が 48 kg の人はどの階級に入るか。

　　　イ．体重が 55 kg 未満の人は全体の何％か。

体重（kg）		人数
以上　　未満		
40　～　45		2
45　～　50		3
50　～　55		7
55　～　60		3
	計	15

（5）右の図のような，半径 2 cm で中心角が 90° のおうぎ
　　　形がある。このおうぎ形を線分AO を軸として1回転さ
　　　せてできる立体の体積を求めなさい。

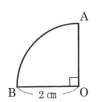

数学 5 問

/10 点

（1）$(\sqrt{7}-2)(\sqrt{7}+3)$ を計算しなさい。

（2）$x=\sqrt{7}+2$のとき，x^2-x の値を求めなさい。

（3）関数 $y=ax^2$ のグラフが，点$(2,\ 6)$ を通るとき，a の値を求めなさい。

（1）	
（2）	
（3）	
（4）下の図にかきなさい。	
（5）△ABC : △DEF＝	

各2点

（4）次のデータは，3年1組の生徒9人について，1学期間に図書館から借りた本の冊数を調べたものである。箱ひげ図を下の図にかきなさい。

| 21 | 9 | 12 | 24 | 5 | 17 | 11 | 13 | 19 |

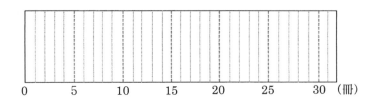

（5）右の図で，△ABC ∽ △DEF であるとき，△ABCと△DEFの相似比を求めなさい。

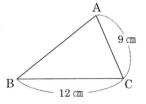
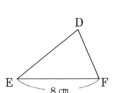

13

数学5問

/10 点

（1）$\dfrac{2}{7} - \dfrac{1}{2}$ を計算しなさい。

（1）
（2）
（3）
（4）
（5）

各2点

（2）$5x + 3y = 10$ を y について解きなさい。

（3）点(2, 1)を通り，傾きが -3 の直線の式を求めなさい。

（4）$x^2 - 10x + 25$ を因数分解しなさい。

（5）右の図で，線分 AB と CD が，EA = ED，BE = BC となるように，点 E で交わっている。$\angle x$ の大きさを求めなさい。

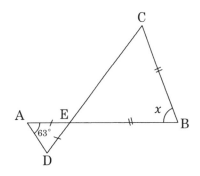

数学5問

/10 点

（1）$-3-4\times5$　を計算しなさい。

（1）	
（2）	
（3）	
（4）	
（5）	

各2点

（2）yはxに反比例し，$x=4$のとき$y=-3$である。
　　$x=-2$のときのyの値を求めなさい。

（3）$a=-3$のとき，$-4a-1$の値を求めなさい。

（4）箱の中に4枚のカード 3, 4, 5, 6 がある。
　　この箱から同時に2枚のカードを取り出すとき，
　　カードに書かれている2枚の和が偶数となる確率
　　を求めなさい。

（5）右の図の直角三角形ABCで，辺ACの長さを
　　求めなさい。

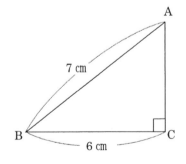

数学5問

第16回　テスト

/10 点

（1）$53^2 - 47^2$ を計算しなさい。

（1）	
（2）	
（3）	
（4）①	
②	
（5）	

(4)は各1点,他は各2点

（2）家から x km 離れた学校へ行くのに，時速 4 km の
　　速さで歩いて y 分かかった。x, y の関係を等式で
　　表しなさい。

（3）-5.6 より大きく，$\frac{8}{3}$ より小さい整数は何個あるか。

（4）表は，A〜E の 5 人の生徒の数学のテストの点数について，
　　B の得点を基準にして，それぞれの得点が B の得点より何点高い
　　かを示したものである。これについて，あとの問いに答えなさい。

　① 　B の得点が 77 点だったとき，
　　　C の得点は何点か。

生徒	A	B	C	D	E
基準との差(点)	+3	0	−12	−8	+2

　② 　B の得点が 85 点だったとき，
　　　5 人の平均を求めなさい。

（5）右の図で AB と CD は平行である。
　　x の値を求めなさい。

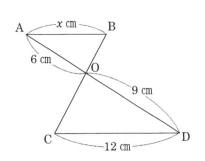

数学 5 問

/10 点

(1) $\left(-\dfrac{4}{5}\right) \div \left(-\dfrac{6}{7}\right) \div 2$ を計算しなさい。

(1)
(2)
(3) 50円切手
80円切手
(4)
(5)

(3) 各1点　他各2点

(2) 1次方程式　$-3x+a = 2x+17$ の解が
　　$x = 3$ であるとき, a の値を求めなさい。

(3) 50円切手と80円切手を合わせて8枚買ったら,
　　代金の合計が460円になった。このとき, 50円切手
　　と80円切手をそれぞれ何枚買ったか, 求めなさい。

(4) 右のグラフの式を求めなさい。

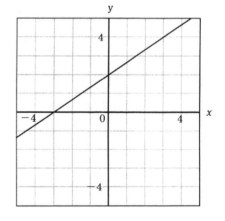

(5) 右の図で, $\angle x$ の大きさを求めなさい。
　　(ℓ とmは平行である。)

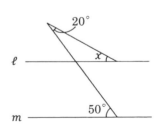

17

数学5問

/10 点

（1）$(-4x^2+6x)\div 6x$ を計算しなさい。

（1）	
（2）	
（3）	
（4）	
（5）	

（2）$\sqrt{7}$, $2\sqrt{2}$, 3 のうち，もっとも大きい数はどれか。

各2点

（3）縦が横より 8 cm 長く，面積が 65 cm² の長方形がある。

　　この長方形の縦の長さを求めなさい。

（4）y は x の2乗に比例し，$x = 2$ のとき $y = 12$ である。

　　y を x の式で表しなさい。

（5）右の図で，x の値を求めなさい。

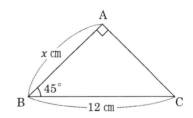

数学5問

/10 点

（1）$\dfrac{m-2n}{2} - \dfrac{2m-5n}{4}$ を計算しなさい。

（2）$1.5x - 4 = 2.2x + 3$ を解きなさい。

（3）積が 63 である連続する 2 つの奇数を求めなさい。

（4）$x = -2$ のとき，$-2x^2 + 5$ を求めなさい。

（5）表は，あるクラスのハンドボール投げの記録を
　　　まとめたものである。度数が最も多い階級の相対
　　　度数を求めなさい。

（1）
（2）
（3）
（4）
（5）

各2点

階級（m）	度数（人）
以上　　未満	
10　〜　15	2
15　〜　20	2
20　〜　25	9
25　〜　30	4
30　〜　35	2
35　〜　40	1
計	20

/10 点

（1） $\frac{1}{2}x - \frac{1}{3}x - \frac{1}{4}x$ を計算しなさい。

（2） 関数 $y = -x^2$ で，x の変域が $-2 \leqq x \leqq 3$ のとき，y の変域を求めなさい。

（3） 連立方程式 $\begin{cases} y = 6 - x \\ x - y = -2 \end{cases}$ を解きなさい。

（4） 直線 $y = -x - 2$ と直線 $y = \frac{1}{2}x + 4$ の交点の座標を求めなさい。

（5） 中心角120°，弧の長さ 8π cm のおうぎ形の半径を求めなさい。

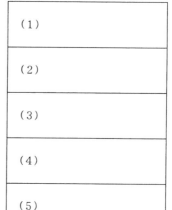

(1)
(2)
(3)
(4)
(5)

各2点

/10点

（1）$12ab^2 \div 4ab$ を計算しなさい。

（2）比例式 $4 : x = 7 : (x+4)$ を満たす x の値を求めなさい。

（3）y は x に反比例し，$x = 6$ のとき $y = -9$ である。y を x の式で表しなさい。

（4）1次関数 $y = -3x+5$ について，変化の割合を求めなさい。

（5）右の△ABCで，点Bから辺ACにひいた垂線を作図しなさい。

(1)
(2)
(3)
(4)
(5) 下図に作図しなさい。

各2点

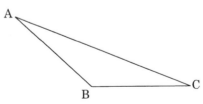

数学5問

/10 点

（1）$\sqrt{27} - \sqrt{6} \times \sqrt{2}$ を計算しなさい。

（2）関数 $y = \dfrac{1}{4}x^2$ で，x の変域が $-4 \leqq x \leqq 3$ のとき，y の変域を求めなさい。

（3）$\sqrt{30}$ と 5 の大小を不等号を使って表しなさい。

（1）	
（2）	
（3）	
（4）①	
②	
（5）	

（4）各1点, 他各2点

（4）下のように，数が規則正しく並んでいる。
これについて，あとの問いに答えなさい。

2，5，8，11，14，17，…

①　10番目の数を求めなさい。

②　x 番目の数を x を使った式で表しなさい。

（5）右の図は関数 $y = \dfrac{1}{3}x^2$ のグラフである。
点Aの x 座標が 3 のとき，点Aの y 座標を求めなさい。

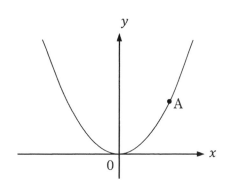

（1）$2(3x - y) + 5x$ を計算しなさい。

（1）	
（2）	
（3）10%食塩水	
8%食塩水	
（4）	
（5）	

（2）$a = 2, b = 4$ のとき，$3a^2b \div 2ab \times (-4b)$ の値を
　　求めなさい。

（3）各1点,他各2点

（3）10% の食塩水と 8%の食塩水を混ぜて，9% の食塩
　　水を150g つくりたい。それぞれ何 g ずつ混ぜるとよい
　　か，求めなさい。

（4）$\sqrt{5} = 2.236$として，$\sqrt{80}$ の値を求めなさい。

（5）右の図で，直線 $\ell,\ m,\ n$ が平行であるとき，
　　xの値を求めなさい。

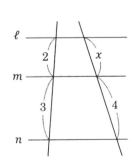

第24回　テスト

/10 点

（1） $\dfrac{2a-1}{4} - \dfrac{a+2}{2}$ を計算しなさい。

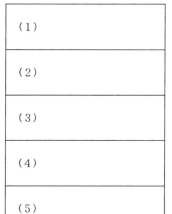

(1)
(2)
(3)
(4)
(5)

各2点

（2） $7x-5$ からある式をひくと, $5x+4$ になる。

　　ある式を求めなさい。

（3） 連立方程式 $\begin{cases} x-5y=9 \\ 2x+y-7=0 \end{cases}$ を解きなさい。

（4） 切片が4で, 点$(-3,2)$ を通る直線の式を求めなさい。

（5） 右の図で, $\angle x$ の大きさを求めなさい。

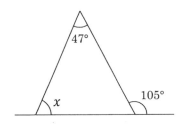

47°

x

105°

数学5問

（1）$0.6 + 0.5 \times 8$ を計算しなさい。

（2）15 以下の素数はいくつあるか。

（3）一次方程式 $\dfrac{7x+2}{5} = \dfrac{3x-2}{3}$ を解きなさい。

（1）	
（2）	
（3）	
（4）	
（5）点A	
点B	

（1）〜（4）各2点
（5）各1点

（4）定価 x 円の品物を 25% 引きで買ったときの代金を
式で表しなさい。

（5）右の図は，関数 $y = x^2$ と $y = x + 2$ の
グラフで，A，B は交点である。点A，B
の座標を求めなさい。

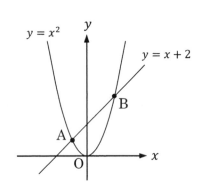

第 26 回　テスト

/10 点

（1）$\frac{x-3y}{2} - x + y$ を計算しなさい。

（1）
（2）
（3）
（4）
（5）

各 2 点

（2）$x^2 - 25$ を因数分解しなさい。

（3）y は x の 1 次関数で，そのグラフが 2 点 $(-1, 1), (3, 9)$

　　を通るとき，この 1 次関数の式を求めなさい。

（4）2 次方程式 $x^2 - 12x - 28 = 0$ を解きなさい。

（5）右の図の五角形で，$\angle B = 145°$, $\angle E = 95°$

　　頂点 C, D における外角がそれぞれ 80° , 75°

　　であるとき，$\angle A$ の大きさを求めなさい。

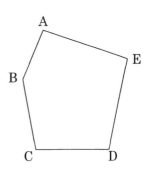

/10 点

（1）$4+8\div(5-9)$ を計算しなさい。

（1）
（2）
（3）
（4）
（5）

各2点

（2）$C=\dfrac{a-b}{4}$ を a について解きなさい。

（3）$x=\sqrt{3}-1$ のとき, x^2-x+1 の値を求めなさい。

（4）A と B の2つのさいころを同時に投げるとき, 出る
目の数の和が偶数になる確率を求めなさい。

（5）右の図で, $\angle x$ を求めなさい。

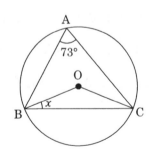

数学5問

（1）$\sqrt{8} + \dfrac{6}{\sqrt{2}}$ を計算しなさい。

（1）	
（2）	
（3）	
（4）	
（5）	

各2点

（2）$a = 2$ のとき, $2a^2 + ab = 6$ となる b を求めなさい。

（3）$\sqrt{15}$ の整数部分を a , 小数部分を b とするとき,
$b^2 + 2ab$ の値を求めなさい。

（4）袋の中に白い球と黒い球が合わせて180個入っている。
　これをかき混ぜて20個取り出したところ, その中には
　黒い球が12個入っていた。袋の中に入っている黒い球
　はおよそ何個と推測できるか。

（5）右の図で, $\angle x$ の大きさを求めなさい。

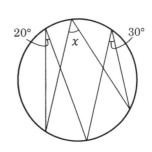

数学 5 問

/10 点

（1）$-\dfrac{6}{5} \times \left(\dfrac{1}{3} - \dfrac{1}{4} \right)$ を計算しなさい。

（1）	
（2）	
（3）	
（4）	
（5）	

各2点

（2）$3x^2y - 6xy - 24y$ を因数分解しなさい。

（3）点$(4, 1)$とx軸について対称な点の座標を求めなさい。

（4）右の図のように, 関数$y = x^2$のグラフと直線$y = x + 2$が2点A, Bで交わっている。△OABの面積を求めなさい。

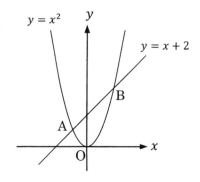

（5）右の図で, 直線ADとBCは, 円の内部にある点Pで交わっている。PA = 16 cm, PB = 5 cm, PC = 20 cmのとき, PDの長さを求めなさい。

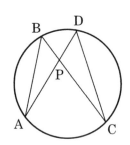

数学5問

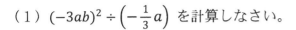

第30回　テスト

/10 点

（1）$(-3ab)^2 \div \left(-\frac{1}{3}a\right)$ を計算しなさい。

（2）$V = \frac{1}{3}\pi r^2 h$ を h について解きなさい。

（3）一次関数 $y = -\frac{1}{4}x + 1$ について，x の変域が $-4 \leqq x \leqq 8$ のときの y の変域を求めなさい。

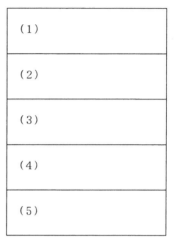

（1）	
（2）	
（3）	
（4）	
（5）	

各2点

（4）$\sqrt{90n}$ の値が自然数となるような自然数 n のうち，もっとも小さいものを求めなさい。

（5）右の図は，あるクラスのハンドボール投げの記録をヒストグラムに表したものである。図は，例えば10から14の区間は10m以上14m未満の階級を表している。30m以上 34m未満の階級の相対度数を求めなさい。

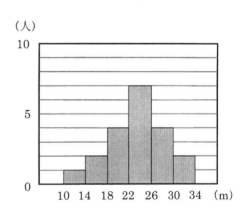

数学5問

/10 点

（1）$\left(\dfrac{1}{3}+\dfrac{2}{9}\right) \times (-18)$ を計算しなさい。

（1）	
（2）	
（3）	
（4）	
（5）	

各2点

（2）$a=-\dfrac{1}{8}$ のとき，$(2a+3)^2-4a(a+5)$ の

　　式の値を求めなさい。

（3）$9x^2-64$ を因数分解しなさい。

（4）右の図のように，底面の直径と高さが
　　ともに4cmの円柱の中にちょうど入る
　　球がある。この球の体積を求めなさい。

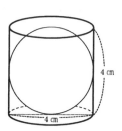

（5）右の図の直方体で，対角線AGの長さ
　　を求めなさい。

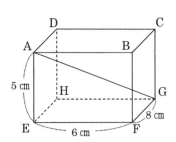

数学5問

/10 点

（1）$\left(2-\sqrt{3}\right)^2$ を計算しなさい。

（1）	
（2）	
（3）	
（4）	
（5）	

各2点

（2）方程式 $x^2+x-56=0$ を解きなさい。

（3）半径 3 cm の球の表面積を求めなさい。

（4）右の図のように，底面の半径が 2 cm の円錐を，
　　平面上で頂点 O を中心として転がしたところ，
　　図で示した円 O の上を 1 周して元に戻るまでに，
　　ちょうど 4 回転した。この円錐の母線の長さを
　　求めなさい。

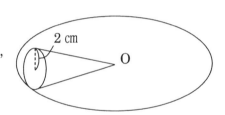

（5）右の図のように，正六角形の頂点 A に碁石を置いた。
　　大小 2 個のサイコロを同時に 1 回投げて，出た目の数
　　の和だけ碁石を時計回りに頂点から頂点へ進めると
　　き，碁石が頂点 D に止まる確率を求めなさい。

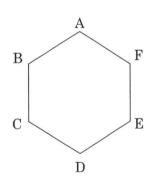

数学 5 問

第33回 テスト

/10 点

（1）0.2 ÷ (−5) を計算しなさい。

（2）y は x に比例し，$x = 5$ のとき，$y = 3$ である。
　　　$x = -35$ のときの y の値を求めなさい。

（3）ミキさんの家から学校まで1 km ある。ミキさん
　　　は，途中まで分速20 m の速さで歩いて，途中から
　　　分速100 m の速さで走ったら，20分かかった。歩い
　　　た距離と走った距離を求めなさい。

（1）	
（2）	
（3）歩いた距離	
走った距離	
（4）	
（5）	

（3）各1点,他各2点

（4）右の図で，∠ADB の大きさを求めなさい。

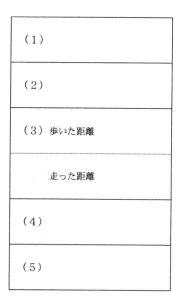

（5）右の図のように，△ABC の2辺AB, AC上に
　　　それぞれ点D, E があり，DEとBCは平行である。
　　　BC = 6 ㎝, △ADEと△ABCの面積の比が4：9
　　　のとき，線分DE の長さを求めなさい。

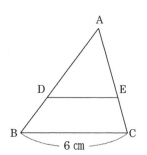

33

数学5問

/10 点

（1）$2 - 6 \times (3 - 4)$ を計算しなさい。

(1)
(2)
(3)
(4)
（5）下図に作図しなさい。

各2点

（2）比例式 $4 : 3 = (x - 8) : 18$ の x の値を求めなさい。

（3）下の図で，x の値を求めなさい。

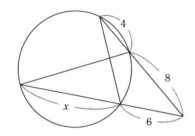

（4）1枚の硬貨を続けて3回投げるとき，表が1回，
　　　裏が2回出る確率を求めなさい。ただし，硬貨の
　　　表，裏の出かたは同様に確からしいとする。

（5）右の図の直線 ℓ 上に，2点 A, B が
　　　あるとき，AB = AC，∠BAC = 45°
　　　の二等辺三角形ABC を定規とコン
　　　パスを用いて，1つ作図しなさい。

数学5問

/10 点

（1）$3\sqrt{3} + \dfrac{15}{\sqrt{3}}$ を計算しなさい。

（2）$a = 5,\ b = 1$ のとき, $a^2 + 2ab + b^2$ の値を求めなさい。

（3）$y = x^2$ のグラフ上に, 2 点 A, B がある。A, B の x 座標がそれぞれ $-1,\ 4$ であるとき, 2 点 A, B を通る直線の式を求めなさい。

（4）2 つの方程式 $3x + y = 9$ と $x + 2y = 8$ の両方にあてはまる $x,\ y$ の値の組がある。このとき, $x^2 - y^2$ の値を求めなさい。

（5）右の図のような $\angle ABC = 90^\circ$ である直角三角形 ABC について, $AB = 5\ \text{cm},\ AC = 9\ \text{cm}$ のとき, $\triangle ABC$ の面積を求めなさい。

（1）	
（2）	
（3）	
（4）	
（5）	

各 2 点

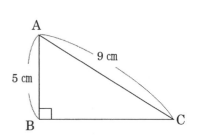

数学 5 問

英　語

（1）（　　　）から適する語を選びなさい。

I（is,　am,　are）a baseball player.

（2）文末の〈　　　〉内に与えられた語を最も適当な形に変えなさい。

Mika and Keiko（　　　　　）sisters.　　　　〈be〉

（3）次の日本文にあう英文になるように（　　　）に適する語を書きなさい。ただし、最初の文字は示されています。

タケシはテレビを見ません。

Takeshi（d　　　　）not（w　　　　）TV.

（4）次の日本文を英文に直し、全文を書きなさい。

ジェーンはとてもじょうずにテニスをすることができます。

Jane（　　　　　）（　　　　　）tennis very well.

（5）次の会話文の（　　　）に適する英文をア～エから1つ選び、記号で書きなさい。

A：Look at that dog.

It's very cute.

B：I think so, too.　Do you like dogs？

A：（　　　　　）

ア Yes, I am.　　　イ Yes, it is.　　　ウ Yes, I do.　　　エ Yes, she is.

（1）	（2）	（3）
（4）		
（5）		

各2点

1

英語5問

/10 点

（１）（　　　）から適する語を選びなさい。

（ Do,　　Does,　　Is) he live near the sea ?

（２）文末の〈　　　〉内に与えられた語を最も適当な形に変えなさい。

She (　　　　　) at the library yesterday.　　　<be>

（３）次の日本文にあう英文になるように（　　　）に適する語を書きなさい。ただし、
最初の文字は示されています。

箱の中にボールが３個あります。

There (a　　　　) three balls (i　　　　) the box.

（４）次の日本文を英文に直し、全文を書きなさい。

あなたのいちばん好きな色は何ですか。

(　　　　　) is (　　　　　) favorite color ?

（５）次の会話文の（　①　）、（　②　）に適する語を｛　　　｝から選んで書きなさい。

｛Which,　　Who,　　What,　　Whose ｝

A :　(　①　) is that girl ?

B :　She is a new student, Saori.

I talked with her yesterday.

A :　(　②　) did you talk about ?

B :　We talked about music.

（１）	（２）	（３）
（４）		
（５）① ②		

（１）〜（４）各２点　/　（５）各１点

2

英語５問

（1）（　　　）から適する語を選びなさい。

She (is not,　does not,　are not) a soccer player.

（2）文末の〈　　　〉内に与えられた語を最も適当な形に変えなさい。

I (　　　　) the news yesterday.　　<hear>

（3）次の日本文にあう英文になるように（　　　）に適する語を書きなさい。ただし、
　　最初の文字は示されています。

あなたはノートを何冊か持っていますか。

(D　　　) you (h　　　)(a　　　) notebooks ?

（4）次の日本文を英文に直し、全文を書きなさい。

あなたは日本語を話すことができますか。

(　　　　) you (　　　　) Japanese ?

（5）次の会話文が成り立つように、ア〜ウの英文を（　①　）〜（　③　）に当てはま
　　る順番に並べかえ、記号で書きなさい。

A：(　　①　　)
B：(　　②　　)
A：(　　③　　)
B： He is playing the piano.

ア　He is in the music room.
イ　What is he doing ?
ウ　Where is Takeshi ?

（1）	（2）	（3）
（4）		
（5）①　　　　②　　　　③		

（2）〜（4）各2点 ／ 他各1点

3　　　　　　　　　　　　　　　　　　　英語5問

/10 点

（1）（　　　）から適する語を選びなさい。

Jiro (have,　has,　don't have) a nice guitar.

（2）文末の〈　　　〉内に与えられた語を最も適当な形に変えなさい。

I am (　　　　　) TV now.　　　〈watch〉

（3）次の日本文にあう英文になるように（　　　）に適する語を書きなさい。ただし、最初の文字は示されています。

どちらのバッグがあなたのものですか。

Which bag is (y　　　　)？

（4）次の日本文を英文に直し、全文を書きなさい。

ジェーンとあなたの妹はテニスをしますか。

(　　　　　) Jane and (　　　　　) sister (　　　　　) tennis？

（5）次の会話文が成り立つように、ア〜ウの英文を（　①　）〜（　③　）に当てはまる順番に並べかえ、記号で書きなさい。

A：（　　①　　）

B：（　　②　　）

A：Can you play it？

B：（　　③　　）

　　I have to practice more.

ア　It's mine.

イ　No, I can't.

ウ　Whose guitar is this？

（1）	（2）	（3）
（4）		
（5）①　　　　②　　　　③		

（2）〜（4）各2点　/　他各1点

4

英語5問

（１）（　　　）から適する語を選びなさい。

Takashi (like,　likes) English and math.

（２）文末の〈　　　〉内に与えられた語を最も適当な形に変えなさい。

Is that boy (　　　　　) brother ?　　　　<she>

（３）次の日本文にあう英文になるように（　　　）に適する語を書きなさい。ただし、最初の文字は示されています。

私はバスケットボールをするために体育館に行きました。

I went to the gym (t　　　　)(p　　　　) basketball.

（４）次の日本文を英文に直し、全文を書きなさい。

美術館の中で写真を撮らないで。

Don't (　　　　　) pictures in the (　　　　　).

（５）次の会話文を読んで、あとの問いに英語で答えなさい。

John :　How do you go to school ?

Mina :　I walk to school every day.

　　　　How about you ?

John :　I go to school by bike.

Question :　How does John go to school ?

（１）	（２）	（３）
（４）		
（５）		

各２点

/10 点

（1）（　　　）から適する語を選びなさい。

（ Were,　　Are,　　Was) she at home yesterday ?

（2）文末の〈　　　〉内に与えられた語を最も適当な形に変えなさい。

I (　　　　　) to the museum last Sunday.　　　＜go＞

（3）次の日本文にあう英文になるように（　　　）に適する語を書きなさい。ただし、最初の文字は示されています。

マイクとトムは友達です。

Mike and Tom (a　　　　) (f　　　　).

（4）次の日本文を英文に直し、全文を書きなさい。

彼女は昨夜2時間勉強しました。

She (　　　　　) for two (　　　　　) (　　　　　) night.

（5）次の会話文を読んで、あとの問いに英語で答えなさい。

Kenji :　I got an e-mail from my uncle last night.　He's in Tokyo now.

Mina :　Does he live in Tokyo ?

Kenji :　No.　He's just traveling.

He lives in Fukushima, and teaches English there.

Question : Where does Kenji's uncle live ?

（1）	（2）	（3）
（4）		
（5）		

各2点

6

英語5問

/10 点

（1）（　　　）から適する語を選びなさい。

I visited Okinawa (on,　　at,　　in) 2010.

（2）AとBの対話が成り立つように、（　　　）に適する語を書きなさい。ただし、
最初の文字は示されています。

A : What is the month after March ?

B : (A　　　　　) is.

（3）次の日本文にあう英文になるように（　　　）に適する語を書きなさい。ただし、
最初の文字は示されています。

私たちは木の下で昼食をとりました。

We had lunch (u　　　　　) a tree.

（4）次の日本文を英文に直し、全文を書きなさい。

イヌとネコのどちらが好きですか。

(　　　　　) do you (　　　　　), dogs (　　　　　) cats ?

（5）次の会話文を読んで、あとの問いに英語で答えなさい。

Mina :　Where did you go last Sunday ?

Kenji :　I went to the sea.

Mina :　Did you enjoy ?

Kenji :　Yes, I did.

Question :　When did Kenji go to the sea ?

（1）	（2）	（3）
（4）		
（5）		

各2点

（1）（　　　　）から適する語を選びなさい。

He (don't,　didn't,　doesn't) go to the library last week.

（2）文末の〈　　　　〉内に与えられた語を最も適当な形に変えなさい。

I often enjoy (　　　　　　) to music after dinner.　　　〈listen〉

（3）AとBの対話が成り立つように、（　　　　）に適する語を書き入れなさい。ただし、
最初の文字は示してあります。

A : (W　　　　)(t　　　　) did you get to the station ?

B : At 9 a.m.

（4）次の日本文を英文に直し、全文を書きなさい。

私は日本の文化に興味があります。

I'm (　　　　　)(　　　　　　) Japanese culture.

（5）次の会話文を読んで、あとの問いに英語で答えなさい。

Mina :　What do you enjoy at home ?

Kenji :　I enjoy playing video games.

How about you ?

Mina :　I enjoy reading books.

Question :　What does Mina enjoy at home ?

（1）	（2）	（3）
（4）		
（5）		

各2点

8

英語5問

/10 点

（1）（　　　）から適する語を選びなさい。

He went to the park (to watch,　watching) birds.

（2）AとBの対話が成り立つように、（　　　）に適する語を書き入れなさい。ただし、

最初の文字は示してあります。

　　A : When does the summer vacation start in America ?

　　B : It usually starts in June.　School starts in September (a　　　　).

（3）次の {　　　} 内の語句を正しい英文になるように並べかえ、全文を書きなさい。

My mother { next / fifty / will / years / old / be / month }.

（4）次の日本文を英文に直し、全文を書きなさい。

彼はコンピュータの使い方を知っています。

He knows (　　　　) to (　　　　) the computer.

（5）次の会話文が成り立つように、ア〜ウの英文を（　①　）〜（　③　）に当てはまる

順番に並べかえ、記号で書きなさい。

　　A :（　　①　　）

　　B :（　　②　　）

　　A : Yes.

　　B :（　　③　　）

　　A : Thank you.

　　ア　All right.　Go along this street.

　　イ　Turn right at the second traffic light.
　　　　It's by the park.

　　ウ　Excuse me.　Please tell me the way to the library.

（1）	（2）
（3）	
（4）	
（5）①　　　　②　　　　③	

（2）〜（4）各2点 / 他各1点

/10 点

（1）（　　　）から適する語を選びなさい。

Turn left at the next corner, (but,　or,　and) you'll see the hospital.

（2）次の文が、ほぼ同じ内容になるように（　　　）に適当な語を書きなさい。

The town has a library. = (　　　　　)(　　　　　　) a library in the town.

（3）次の {　　　} 内の語句を正しい英文になるように並べかえ、全文を書きなさい。

{ cool / what / car / a } !

（4）次の日本文を英文に直し、全文を書きなさい。

その映画は人々を幸せにします。

The movie (　　　　　) people (　　　　　).

（5）次の英文を読んで、あとの問いに英語で答えなさい。

　　Satoru is fifteen years old.　Last Sunday, his father said to Satoru,"I'm free today.　Do you want to go fishing with me ?" Satoru said,"Great.　Let's go." They went to the river, and enjoyed fishing together.

Question : ① How old is Satoru ?
　　　　　② Where did they enjoy fishing ?

（1）	（2）	（3）
（4）		
（5）①		
②		

（1）〜（4）各2点 / （5）各1点

英語 5 問

/10 点

（1）（　　　）から適する語を選びなさい。

I (was,　were,　am) listening to music then.

（2）次の文が、ほぼ同じ内容になるように（　　　）に適当な語を書きなさい。

Takeshi is my friend.＝ Takeshi is a friend of (　　　　).

（3）次の {　　　} 内の語句を正しい英文になるように並べかえ、全文を書きなさい。

{ something / you / drink / would / like / to } ?

（4）次の日本文を英文に直し、全文を書きなさい。

あの建物は東京でいちばん高いです。

That building is the (　　　　) (　　　　) Tokyo.

（5）次の会話文の（　　　）に適する英文をア〜エから1つ選び、記号で書きなさい。

A : Hello, this is John.

B : Oh, John.　What's up ?

A : I will go swimming tomorrow.

Can you come ?

B : (　　　　　　)

I must help my mother.

ア　OK, let's.　　　　　　　　　　イ　Sorry, but she is out now.

ウ　May I speak to John, please ?　　エ　I'd like to, but I can't.

（1）	（2）
（3）	
（4）	（5）

各2点

/10 点

（1）（　　　）から適する語を選びなさい。

He is carrying (this,　　these,　　a) boxes.

（2）AとBの対話が成り立つように、（　　　）に適する語を書きなさい。ただし、最初の文字は示されています。

A : Did you buy anything at the shop ?

B : Yes.　I (b　　　　　) two notebooks.

（3）次の日本文にあう英文になるように（　　　）に適する語を書きなさい。ただし、最初の文字は示されています。

| 暑かったので、私は窓を開けました。 |

I opened the window (b　　　　) it was hot.

（4）次の英文を日本語に訳しなさい。

Mike speaks Japanese as well as John.

（5）次の会話文を読んで、あとの問いに英語で答えなさい。

Brown :　What Japanese food do you like ?

Jim　　:　I like sushi the best.　　How about you ?

Brown :　I like sushi, too.　　But my favorite Japanese food is soba.

Question :　What is Brown's favorite Japanese food ?

（1）	（2）	（3）
（4）		
（5）		

各2点

（1）（　　）から適する語を選びなさい。

Bob is (taller,　tall,　tallest) than Mike.

（2）文末の〈　　〉内に与えられた語を最も適当な形に変えなさい。

(　　　　　) in this river is dangerous.　　　<swim>

（3）次の日本文にあう英文になるように（　　）に適する語を書きなさい。ただし、最初の文字は示されています。

もし明日晴れたら、私は泳ぎに行くでしょう。

(I　　　) it is sunny (t　　　), I (w　　　) go swimming.

（4）次の日本文を英文に直し、全文を書きなさい。

私は来月熊本を訪れるつもりです。

I am (　　　) to (　　　) Kumamoto (　　　) month.

（5）次の会話文を読んで、あとの問いに英語で答えなさい。

Mary :　Hi, Ken.　What are you doing ?

Ken :　Hi, Mary.　I'm waiting for my friend.

He will come here at ten.

Mary :　Oh, you have to wait for twenty minutes.

Question :　What time is it now ?

（1）	（2）	（3）
（4）		
（5）		

/10 点

（1）（　　　）から適する語を選びなさい。

What did you (does,　do,　doing) yesterday ?

（2）文末の〈　　　〉内に与えられた語を最も適当な形に変えなさい。

Were you (　　　　　) in the park then ?　　　　<run>

（3）A と B の対話が成り立つように、（　　　）に適する語を書きなさい。ただし、最初の文字は示されています。

A : What did she ask you ?

B : She (a　　　　　) me (t　　　　　) close the door.

（4）次の日本文を英文に直し、全文を書きなさい。

私はするべきことがたくさんあります。

I (　　　　　) many things (　　　　　) (　　　　　).

（5）次の英文の（　①　）～（　④　）に適する語を {　　　} から選んで書きなさい。

{ studies,　study,　studying,　studied }

Yesterday, I went to Hiromi's house.　We (　①　) English together.
When we were (　②　), Hiromi's sister came to Hiromi's room.　She
(　③　) English at university to be an English teacher.　She helped us
(　④　) English.　We had a very good time.

（1）	（2）	（3）
（4）		
（5）①	②	③	④

（3）、（4）各 2 点 ／ 他各 1 点

14

英語 5 問

/10 点

（1）（　　　）から適する語を選びなさい。

I think that baseball is (popular,　more popular,　most popular) than other sports.

（2）文末の〈　　　〉内に与えられた語を最も適当な形に変えなさい。

Do you know (　　　　)?　　　<she>

（3）次の日本文にあう英文になるように（　　　）に適する語を書きなさい。ただし、最初の文字は示されています。

私はあなたは朝食をとるべきだと思います。

I (t　　　　) that you (s　　　　) have breakfast.

（4）次の日本文を英文に直し、全文を書きなさい。

教室で走らないで。

(　　　　)(　　　　) in the classroom.

（5）次の会話文の（　　　）に適する英文をア〜エから１つ選び、記号で書きなさい。

A : What are you looking at ?

B : I'm looking at some pictures.

I took them when I went to Kagoshima last year.

A : Can I see them ?

B : Sure.　(　　　　　　　　　　)

ア Thank you.　イ Here you are.　ウ See you.　エ Let's see.

（1）	（2）	（3）
（4）		（5）

各2点

/10 点

（1）（　　　）から適する語を選びなさい。

It (is,　 will,　 has) be rainy tomorrow.

（2）次の {　　　} 内の語句を正しい英文になるように並べかえ、全文を書きなさい。

{ to / I / the news / surprised / hear / was }.

（3）次の日本文にあう英文になるように（　　　）に適する語を書きなさい。ただし、最初の文字は示されています。

あなたは夕食のあとに何をしますか。

(W　　　　) do you do (a　　　　) dinner ?

（4）次の日本文を英文に直し、全文を書きなさい。

私たちは毎日サッカーを練習します。

We (　　　　) soccer (　　　　) day.

（5）次のハナのスピーチを読んで、あとの問いに英語で答えなさい。

　　　During the summer vacation, I went to New York to see my friend, Jane.　I stayed at her house for two weeks.　We enjoyed a lot of things.　For example, we enjoyed shopping.　I bought a baseball cap for my brother.

　　Question :　① Where did Hana go during her summer vacation ?

　　　　　　　　② What did Hana buy for her brother ?

(1)	(2)	
(3)	(4)	
(5) ①		
②		

（1）～（4）各2点　/　（5）各1点

英語 5 問

/10 点

（1）（　　　）から適する語を選びなさい。

（ May,　　Will,　　Am ）I turn on the fan ?

（2）次の文が、ほぼ同じ内容になるように（　　　）に適当な語を書きなさい。

Mr. Smith is not as old as my father.

＝ My father is (　　　　　)(　　　　　) Mr. Smith.

（3）次の英文を日本語に訳しなさい。

We use computers to do many things.

（4）次の日本文を英文に直し、全文を書きなさい。

公園への行き方を教えてくださいませんか。

Could you tell me (　　　　　)(　　　　　) get to the park ?

（5）次の会話文の（　　　）に適する英文をア～エから１つ選び、記号で書きなさい。

A：Do you know the two girls over there ?

B：Yes.　They are my sister and her friend.

A：Oh, really ?　Which girl is your sister ?

B：(　　　　　　　　　　　　　　　)

ア　My sisters are the girls by the bench.

イ　My sister is the girl sitting on the bench.

ウ　The girl is her best friend.

エ　My sister has two friends.

（1）	（2）	
（3）		
（4）		（5）

各 2 点

17

英語 5 問

（1）（　　　　）から適する語を選びなさい。

Did you (listened,　listen,　listening) to the song last night ?

（2）次の文が、ほぼ同じ内容になるように（　　　　）に適当な語を書きなさい。

It was rainy this morning, and it is rainy now.

= It (　　　　)(　　　　) rainy (　　　　) this morning.

（3）次の日本文にあう英文になるように（　　　　）に適する語を書きなさい。ただし、
最初の文字は示されています。

公園に何人かの子供たちがいます。

(T　　　　)(a　　　　) some (c　　　　) in the park

（4）次の日本文を英文に直し、全文を書きなさい。

私はその計画について一度も聞いたことがありません。

I (　　　　)(　　　　)(　　　　) of the plan.

（5）次の短い英文の表題として適するものをア～ウから一つ選び、記号で書きなさい。

　　I'm thinking about my future.　I want to be a singer or a doctor.　Both a
singer and a doctor are wonderful jobs.　Singers give people dreams.　Doctors
help sick people.　I cannot decide which to choose.

　　ア　歌手になる方法　　　イ　医者になる方法　　　ウ　将来なりたい職業

（1）	（2）
（3）	
（4）	（5）

各2点

英語5問

/10 点

（1）（　　　）から適する語を選びなさい。

They are not (play,　plays,　playing) soccer.

（2）次の文が、ほぼ同じ内容になるように（　　　）に適当な語を書きなさい。

Jane came to Japan three years ago.　She is still in Japan.

= Jane (　　　　) (　　　　　) in Japan (　　　　　) three years.

（3）文末の〈　　　〉内に与えられた語を最も適当な形に変えなさい。

Do you know the boy (　　　　) the guitar ?　　　<play>

（4）次の日本文を英文に直し、全文を書きなさい。

明日は雨でしょう。

It (　　　　) be (　　　　)(　　　　).

（5）次の会話文が成り立つように、ア～ウの英文を（　①　）～（　③　）に当てはまる
順番に並べかえ、記号で書きなさい。

A :　Where are you from ?

B :　(　　　①　　　)

A :　(　　　②　　　)

B :　Really ?　How was Australia ?

A :　(　　　③　　　)

ア　I have been to Australia.

イ　I'm from Australia.

ウ　It was wonderful.

(1)		(2)	
(3)		(4)	
(5) ①	②	③	

（2）～（4）各2点　/　他各1点

19

英語5問

/10 点

（1）（　　　）から適する語を選びなさい。

Japanese animated movies are (watching,　watched,　watches) in many countries.

（2）次の日本文にあう英文になるように（　　　）に適する語を書きなさい。ただし、最初の文字は示されています。

私はちょうど朝食をとったところです。

I have (j　　　)(h　　　) breakfast.

（3）次の {　　　} 内の語句を正しい英文になるように並べかえ、全文を書きなさい。

{ my / finished / yet / I / haven't / homework }.

（4）次の英文を日本語に訳しなさい。

Mike is good at math.

（5）次の会話文の（　　　）に適する英文をア～エから1つ選び、記号で書きなさい。

A ： May I help you ?

B ： I am looking for a cap for my brother.

A ： How about this one ?

B ： It looks nice.

　　　But it's too large for him.

A ：（　　　　　　　　　）

B ： Yes, please.

ア　Shall I show you a larger one ?

イ　Shall I show you a smaller one ?

ウ　Which color does he like ?

エ　Where is your brother ?

（1）	（2）
（3）	
（4）	（5）

各2点

20

英語5問

/10 点

（1）（　　　）から適する語を選びなさい。

She always (sees,　looks,　watches) happy.

（2）次の文が、ほぼ同じ内容になるように（　　　）に適当な語を書きなさい。

Last night, I was so tired that I couldn't study.

＝ I was (　　　　　) tired (　　　　　) study last night.

（3）次の日本文にあう英文になるように（　　　）に適する語を書きなさい。ただし、最初の文字は示されています。

サッカーをすることは難しいです。

(T　　　　　)(p　　　　　) soccer is (d　　　　　).

（4）次の日本文を英文に直し、全文を書きなさい。

その店の前で会いましょう。

(　　　　　) meet (　　　　　)(　　　　　)(　　　　　) the shop.

（5）次の会話文の（　①　）〜（　③　）に適する語を｛　　　　｝から選んで書きなさい。

｛with,　between,　when,　during｝

A： Where will you visit (　①　) winter vacation ?

B： I will visit Hokkaido (　②　) my sister.

A： Really ?　I lived in Hokkaido (　③　) I was a little child.

（1）		
（2）	（3）	
（4）		
（5）①　　　　　②　　　　　③		

（2）〜（4）各2点　/　他各1点

英語5問

/10 点

（1）（　　　）から適する語を選びなさい。

Whose guitar is that ?　─　It's my (father's,　father,　fathers).

（2）次の {　　　} 内の語句を正しい英文になるように並べかえ、全文を書きなさい。

Please { me / about / your / tell / country }.

（3）A と B の対話が成り立つように、（　　　）に適する語を書きなさい。ただし、最初の文字は示されています。

A : Do you have any problems ?

B : Yes.　I (c　　　　　　) read this kanji.

（4）次の日本文を英文に直し、全文を書きなさい。

私の父は毎週彼の車を洗います。

My (　　　　　)(　　　　　　) his car (　　　　　)(　　　　　).

（5）次の会話文が成り立つように、{ ① }、{ ② } の語を並びかえなさい。

A :　What are you doing ?

B :　I am playing a new video game, Exciting Soccer.

　　①{ heard / the game / have / ever / you / of } ?

A :　Yes, I have.　But ②{ have / the game / never / I / played }.　Is it interesting ?

B :　Yes.　It's one of the best soccer games.

（1）	（2）
（3）	（4）
（5）①	
②	

（1）～（4）各2点 / （5）各1点

/10 点

（1）（　　　）から適する語を選びなさい。

She is (know,　knew,　known) as a writer.

（2）次の日本文にあう英文になるように（　　　）に適する語を書きなさい。ただし、最初の文字は示されています。

なんて美しいのでしょう！

(H　　　　)(b　　　　)！

（3）次の｛　　　｝内の語句を正しい英文になるように並べかえ、全文を書きなさい。

{ dog / Pochi / I / my / call }.

（4）次の英文を日本語に訳しなさい。

I will help you when you are busy.

（5）次の太郎さんが書いた英文を読んで、あとの問いに英語で答えなさい。

　　Today, I will tell you about my pets.　I have two cats.　Their names are Gigichan and Poohchan.　They are very cute.　Poohchan is younger than Gigichan.　But Poohchan is bigger than Gigichan.　I think that they are real family members.　They are loved by everyone in my family.

Question : ① Which is older, Poohchan or Gigichan ?

② Are they loved by Taro's family ?

(1)	(2)	
(3)		
(4)		
(5) ①	②	

（1）〜（4）各2点　/　（5）各1点

23

英語5問

/10 点

（1）（　　　）から適する語を選びなさい。

I have already (took,　　taken,　　take) pictures.

（2）次の日本文にあう英文になるように（　　　）に適する語を書きなさい。ただし、最初の文字は示されています。

彼女は昨日、とても美しく見えました。

She (l　　　) very (b　　　) yesterday.

（3）AとBの対話が成り立つように、（　　　）に適する語を書きなさい。ただし、最初の文字は示されています。

A : Be quiet !

B : Oh, I'm sorry.　I will (s　　　) playing the guitar soon.

（4）次の日本文を英文に直し、全文を書きなさい。

あなたはそのとき何をしていましたか。

(　　　　　) were you doing (　　　　　)?

（5）次の会話文が成り立つように、{　①　}、{　②　}の語を並びかえなさい。

A :　Happy Birthday !　This is a present for you.

B :　Thank you.　Can I open it ?

A :　Sure.　①{ hope / it / I / you / like / will / that }.

B :　Wow.　②{ a / cup / nice / what }!　Thank you.

（1）	（2）	（3）
（4）		
（5）①		
②		

（1）〜（4）各2点　/　（5）各1点

英語 5 問

（1）（　　　）から適する語を選びなさい。

She doesn't have (any,　some,　much) books in her bag.

（2）次の {　　　} 内の語句を正しい英文になるように並べかえ、全文を書きなさい。

{ give / him / a present / I / going / am / to }.

（3）次の日本文にあう英文になるように（　　　）に適する語を書きなさい。ただし、
最初の文字は示されています。

昨年、お祭りにたくさんの人々がいました。

(T　　　　) (w　　　　) many (p　　　　) in the (f　　　　) last year.

（4）次の日本文を英文に直し、全文を書きなさい。

この写真は全ての中でいちばん美しいです。

This picture is the (　　　　) beautiful (　　　　)(　　　　).

（5）次の会話文の（　①　）～（　③　）に適する語を {　　　} から選んで書きなさい。

{ that,　where,　season,　place }

A：（　①　）are you going to visit this summer ?

B：I'm going to visit Okinawa to swim.

A：Really ?　I think (　②　) summer is the best (　③　) for Okinawa.

（1）	（2）
（3）	
（4）	
（5）① 　　　 ② 　　　 ③	

（2）～（4）各2点 / 他各1点

/10 点

（1）（　　　）から適する語を選びなさい。

She (have to,　has to,　will be) speak English there.

（2）次の日本文にあう英文になるように（　　　）に適する語を書きなさい。ただし、最初の文字は示されています。

あなたが日本のことが好きで私はうれしいです。

I am glad (t　　　　) you like Japan.

（3）次の {　　　} 内の語句を正しい英文になるように並べかえ、全文を書きなさい。

{ by / bought / written / I / a book / Natsume Soseki }.

（4）次の日本文を英文に直し、全文を書きなさい。

数学と理科のどちらが簡単ですか。

（　　　　）is（　　　　）, math or science ?

（5）次の英文を読んで、あとの問いに英語で答えなさい。

Takeshi :　Do you like sports ?

John :　No.　I like music better than sports.　How about you ?

Takeshi :　I like sports very much.

John :　What sport do you like the best ?

Takeshi :　I like baseball the best.

Question : ① Does John like music ?　② What sport does Takeshi like the best ?

(1)	(2)
(3)	
(4)	
(5) ①	②

（1）〜（4）各2点　/　（5）各1点

26

英語 5 問

/10 点

（1）（　　　）から適する語を選びなさい。

This song (loves,　be loved,　is loved) by many people.

（2）次の文が、ほぼ同じ内容になるように（　　　）に適当な語を書きなさい。

This is a train, and it goes to Tokyo Station.

= This is a train (　　　　　) goes to Tokyo Station.

（3）文末の〈　　　〉内に与えられた語を最も適当な形に変えなさい。

I have a friend (　　　　　) in Canada.　　　　<live>

（4）次の日本文を英文に直し、全文を書きなさい。

私は、私たちは公園をそうじするべきだと思います。

I (　　　　)(　　　　　) we (　　　　)(　　　　　) the park.

（5）次の会話文が成り立つように、ア〜エの英文を（　①　）〜（　④　）に当てはまる
　　順番に並べかえ、記号で書きなさい。

A :　Hello.　May I help you ?

B :　(　　①　　)

A :　(　　②　　)

B :　(　　③　　)

A :　(　　④　　)

B :　Here you are.

ア　Would you like something to drink ?

イ　No, thank you.　How much is it ?

ウ　I'd like two hamburgers.

エ　It's six hundred and twenty yen.

（1）	（2）	（3）
（4）		
（5）①　　　　　②　　　　　③　　　　　④		

（3）、（4）各 2 点　/　他各 1 点

27

英語 5 問

（1）（　　　）から適する語を選びなさい。

He doesn't (have to,　has to,　need) get up early.

（2）次の文が、ほぼ同じ内容になるように（　　　）に適当な語を書きなさい。

Don't read such a magazine.

= You (　　　　)(　　　　　　) read such a magazine.

（3）ＡとＢの対話が成り立つように、（　　　）に適する語を書きなさい。ただし、最初の文字は示されています。

A : I want you to (h　　　　) me (w　　　　) my homework.　It's too difficult.

B : Sure.　Let's go to the library after school.

（4）次の日本文を英文に直し、全文を書きなさい。

彼女によって作られたこれらのクッキーはとてもおいしいです。

These cookies (　　　　　)(　　　　　　) her are delicious.

（5）次の会話文が成り立つように、ア〜ウの英文を（　①　）〜（　③　）に当てはまる順番に並べかえ、記号で書きなさい。

A : (　①　).

B : He is Takashi.

He can run very fast.

A : (　②　).

B : Of course. (　③　).

ア　Can he run faster than you ?

イ　He is the fastest runner in my class.

ウ　Who is the boy running over there ?

（1）	（2）	（3）
（4）		
（5）① ② ③		

（2）〜（4）各2点 ／ 他各1点

/10 点

（1）（　　　）から適する語を選びなさい。

I have an uncle (who,　which,　where) is an English teacher.

（2）次の日本文にあう英文になるように（　　　）に適する語を書きなさい。ただし、最初の文字は示されています。

その歌はとても人気なので、みんながそれを歌うことができます。

The song is (s　　　) popular (t　　　) everyone can sing it.

（3）次の {　　　} 内の語句を正しい英文になるように並べかえ、全文を書きなさい。

I { when / you / called / was / studying / me }.

（4）次の日本文を英文に直し、全文を書きなさい。

あなたはチケットを買う方法を知っていますか。

Do you know (　　　　)(　　　　) buy the ticket ?

（5）次の会話が成り立つように、（　①　）～（　④　）に適する語を書きなさい。ただし、最初の文字は示されています。

A：①(W　　　) was that castle built ?

B：It was built about 300 years ②(a　　　).

A：③(H　　　) old ! Have you ④(e　　　) been there ?

B：Yes, I have.

（1）	（2）
（3）	
（4）	

（5）①	②	③	④

（3）～（4）各 2 点　/　他各 1 点

英語 5 問

（1）（　　　）から適する語を選びなさい。

I don't like math, (but,　and,　or) I like science.

（2）次の {　　　} 内の語句を正しい英文になるように並べかえ、全文を書きなさい。

{ with / you / the man / know / do / running } a dog ?

（3）次の英文を日本語に訳しなさい。

It is difficult for me to speak English.

（4）次の日本文を英文に直し、全文を書きなさい。

気をつけなさい。

（　　　　　）（　　　　　）.

（5）次は、けいこがジェーンから受けとったＥメールです。けいこになったつもりで、
返信メールの日本語①、②の内容を英作文しなさい。

＜ジェーンからのＥメール＞
　Hi, Keiko.　Thank you for the birthday present.　The cooking book is very nice.
There are many recipes in the book.　They look delicious.　If you are free next
Sunday, please come to my house.　Let's cook some dishes together.

※recipe=レシピ、調理法

＜けいこの返信メール＞
　Hi, Jane.　I am happy that you like the cooking book. ①次の日曜日にジェーン
の家を訪れるつもりであること。　②ジェーンと夕食を作りたいこと。

（1）	（2）
（3）	
（4）	
（5）①	
②	

（1）〜（4）各2点　/　（5）各1点

英語５問

（1）（　　　　）から適する語を選びなさい。

My dream is (be,　to be,　have) an English teacher.

（2）次の日本文にあう英文になるように（　　　　）に適する語を書きなさい。ただし、最初の文字は示されています。

2軒のビルの間に公園があります。

(T　　　　) is a park (b　　　　) two buildings.

（3）次の {　　　　} 内の語句を正しい英文になるように並べかえ、全文を書きなさい。

He { but / only / can / not / English / speak / also } Chinese.

（4）次の日本文を英文に直し、全文を書きなさい。

私は彼にその歌を歌ってほしいです。

I (　　　　) him (　　　　)(　　　　) the song.

（5）次の英文を読んで、あとの問いに英語で答えなさい。

Good morning, everyone.　It's October fifth, Wednesday.　Yesterday, a Japanese singer, Masuyo Ukari, arrived in New York.　She is very popular in Japan.　She will have a concert at City Hall tomorrow.

Question : ① Is the singer popular in Japan ?

② What day will the singer have a concert ?

（1）	（2）	
（3）		
（4）		
（5）①	②	

（1）〜（4）各2点　/　（5）各1点

31

英語5問

（1）（　　　）から適する語を選びなさい。

This is a computer (made,　making,　make) in Japan.

（2）次の ｛　　　｝ 内の語句を正しい英文になるように並べかえ、全文を書きなさい。

Yuji { run / as / fast / can / Masao / as }.

（3）次の日本文にあう英文になるように（　　　）に適する語を書きなさい。ただし、
　　最初の文字は示されています。

カナダでは何語が話されますか。

(W　　　　) (l　　　　) is (s　　　　) in Canada ?

（4）次の日本文を英文に直し、全文を書きなさい。

あなたはもう宿題を終えましたか。

(　　　　　) you (　　　　　) your homework (　　　　　) ?

（5）次の英文を読んで、あとの問いに英語で答えなさい。

　　Today, Ken had lunch with his father at a restaurant.　Ken's favorite food is
curry and rice, but he ate it yesterday.　So, he ate pizza.　His father ate
tempura because he likes Japanese food.

　　Question : ① Did Ken eat curry and rice at the restaurant ?

　　　　　　　　② Why did Ken's father eat tempura ?

（1）	（2）
（3）	
（4）	
（5）①	②

（1）〜（4）各2点 / （5）各1点

（1）（　　　）から適する語を選びなさい。

（Can,　May,　Want）you come to the party？

（2）次の {　　　} 内の語句を正しい英文になるように並べかえ、全文を書きなさい。

{ tell / my dream / me / you / let / about }.

（3）次の日本文にあう英文になるように（　　　）に適する語を書きなさい。ただし、最初の文字は示されています。

その歌手のように歌えたらいいのに。

I (w　　　) I (c　　　) sing (l　　　) the singer.

（4）次の日本文を英文に直し、全文を書きなさい。

朝食を食べなさい、そうしなければすぐおなかがすくでしょう。

（　　　）breakfast,（　　　）you（　　　）be hungry soon.

（5）次の会話文の（　①　）～（　④　）に適する語を {　　　} から選んで書きなさい。ただし、それぞれの語は一度ずつしか使わないものとする。

{ so,　when,　because,　if }

Dear Jane.　I visited Kiyomizu-dera with my host family during summer vacation.　It is one of the most famous temples in Kyoto.　I like Japanese traditional culture, (　①　) I was excited.　(　②　) I visited there, I was surprised (　③　) the temple was not only old but also beautiful. (　④　) you visit Kyoto in the future, you should see Kiyomizu-dera.

（1）	（2）		
（3）			
（4）			
（5）①	②	③	④

（2）、（4）各 2 点 ／ 他各 1 点

　　　　　　　　　　　　　　　　　　　　　　英語 5 問

/10 点

（1）（　　　）から適する語を選びなさい。

Was the book (writing by,　written in,　written by) Natsume Soseki ?

（2）次の日本文にあう英文になるように（　　　）に適する語を書きなさい。ただし、
最初の文字は示されています。また、仮定法の文になるように書くこと。

もし私がお金をたくさん持っていたら、世界中を旅するでしょう。

(I　　　　　) I (h　　　　　) a lot of money, I (w　　　　　) travel (a　　　　　) the
world.

（3）次の {　　　　} 内の語句を正しい英文になるように並べかえ、全文を書きなさい。

{ watching / three / he / been / TV / for / has / hours }.

（4）次の日本文を英文に直し、全文を書きなさい。

これはサオリが昨日私にくれたカップです。

This is a cup (　　　　　) Saori (　　　　　) me yesterday.

（5）次の英文の（　①　）～（　④　）の語を、それぞれ適当な一語に変えなさい。

Have you ever ①(visit) the new library ?　The library ②(open) last month.
It is the ③(large) library in the city.　④(Read) books is my hobby.　I visited
there yesterday, and borrowed many books.

（1）	（2）		
（3）			
（4）			
（5） ①	②	③	④

（3）、（4）各2点　/　他各1点

/10 点

（1）（　　　　）から適する語を選びなさい。

Takashi can speak English (best,　　better,　　well) than me.

（2）次の日本文にあう英文になるように（　　　　）に適する語を書きなさい。ただし、最初の文字は示されています。また、仮定法の文になるように書くこと。

もし私があなたなら、私は最初に宿題を終わらせるでしょう。

(I　　　　) I (w　　　　) you, I (w　　　　) (f　　　　) your homework first.

（3）次の {　　　　} 内の語句を正しい英文になるように並べかえ、全文を書きなさい。

{ to / I'm / summer vacation / forward / looking }.

（4）次の日本文を英文に直し、全文を書きなさい。

私は今朝からずっと宿題をしています。

I have (　　　　)(　　　　) my homework (　　　　) this morning.

（5）留学生のマイクが将来の夢について述べた後、あなたの将来の夢についてたずねます。マイクの英文を参考にして、あなたの将来の夢について 2 文以上の英語で書きなさい。

My dream is to be a singer because I like singing very much.　I have a lot of favorite singers.　Their songs always make me happy.　I want to be a singer like them in the future.　So, I will practice singing more.　Please tell me about your dream.

（1）	（2）
（3）	
（4）	
（5）	

各 2 点

英語 5 問

解答は左の QR コードか、下の URL からでも見ることができます。
https://tinyurl.com/pxx4s73w

数学解答・解説

解答例　第1回テスト

（1）6　　　（2）$1000-3a$（円）　　（3）3　　　（4）$y=3x-1$　　　（5）$\frac{1}{6}$

解き方

（3）$3\times2-3=6-3=3$

> 一次関数 $y=ax+b$ のグラフ
> 傾き　　切片

（4）直線 $y=ax+b$ で，a を傾き，b を切片（せっぺん）という。

（5）出る目の数の和が 10 以上になるのは $(4,6),(5,5),(5,6),(6,4),(6,5),(6,6)$ の 6 通り。

　　また，2 つのさいころ A, B の目の出かたは $6\times6=36$ (通り)の場合がある。

　　よって，確率は $\frac{6}{36}=\frac{1}{6}$

解答例　第2回テスト

（1）4　　　（2）0，±1，±2　　　（3）1，5，7，35　　　（4）$x=6$

（5）辺 AD，辺 BC，辺 EH，辺 FG

解き方

（1）$-3-(-7)=-3+7$

（2）数直線上で，0 からある数までの距離を，その数の絶対値という。

　　「未満」は 3 は含まず，それより小さい数。

（3）割り切ることができる数。

（4）$a:b=m:n$ ならば $an=bm$ である。　$10:x=5:3$　$5x=10\times3$　$x=\frac{10\times3}{5}$　$x=6$

解答例　第3回テスト

（1）-5　　　（2）4　　　（3）$5a$ 人　　　（4）$y=\frac{8}{x}$　　　（5）9π ㎠

解き方

（1）$7+2\times(-6)=7-12=-5$

（2）$8-2^2=8-4=4$

（3）$a\%$ は $\frac{a}{100}$，$0.01a$ と表す。　$500\times\frac{a}{100}=5a$，　$500\times0.01a=5a$

（4）反比例の関係 $y=\frac{a}{x}$ へ，$x=2$，$y=4$ を代入し a を求める。

　　$4=\frac{a}{2}$ より，$a=8$　　よって，$y=\frac{8}{x}$

（5）円の面積は，半径を r とすると，πr^2　　$\pi\times3^2=9\pi$

> 円
> 円周の長さ　$2\pi r$
> 面積　　　πr^2

解答例　第4回テスト

（1）−4　　（2）$\dfrac{a}{5}$ km　　（3）ア，エ　　（4）−3　　（5）36π cm³

解き方

（1）$-16 \div (7-3) = -16 \div 4 = -4$

（3）

整数

$\cdots, -3, -2, -1,\quad 0,\quad 1,\quad 2,\quad 3,\quad \cdots$

負の整数　　　　　　正の整数（自然数）

イ：自然数×自然数＝自然数。　　ウ：整数が0のとき，答えは0の整数になる。

（4）$y = ax + b$ の変化の割合は一定で，a の値に等しい。

（5）円周＝直径×πなので，底面(円)の半径は 3 cm，高さが 4 cm

の円柱。体積は，底面積×高さ＝$\pi \times 3^2 \times 4$

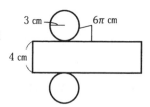

解答例　第5回テスト

（1）−8　　（2）17　　（3）$(x, y) = (-5, 18)$　　（4）$y = 3x - 2$

（5）$\angle a = 60°,\ \angle b = 50°$

解き方

（1）$10 - (-3)^2 \times 2 = 10 - 9 \times 2 = 10 - 18 = -8$

（2）素数は，1とその数のほかに約数がない自然数。1は素数にふくめない。$2+3+5+7=17$

（3）$\begin{cases} 3x + y = 3 \cdots ① \\ x + y = 13 \cdots ② \end{cases}$　①−②をすると，$2x = -10$　　$x = -5$

　　これを②に代入して，$-5 + y = 13$　　$y = 18$

（4）1次関数の式　$\begin{cases} 1 = a + b \cdots ① \\ 10 = 4a + b \cdots ② \end{cases}$　①−②をすると，$-9 = -3a$　　$a = 3$

$y = ax + b$ より，　これを①に代入して，$1 = 3 + b$　　$b = -2$

（5）平行四辺形の対角は等しいので $\angle a = 60°$，　$\angle AEB = \angle b$（錯角）より，

　　　△ABE で，$\angle AEB = 180° - 70° - 60°$

解答例　第6回テスト

（1）2.7　　（2）$x = 2$　　（3）$x = -2$　　（4）$(2, 3)$　　（5）30°

解き方

（1）$0.6 + 0.3 \times 7 = 0.6 + 2.1 = 2.7$

（2）$2x - 5 = -1$　$2x = -1 + 5$　$2x = 4$　$x = 2$

（3）$5x - 1 = 7x + 3$　$5x - 7x = 3 + 1$　$-2x = 4$　$x = -2$

（4）2つの直線の交点の座標は，連立方程式の解。　$\begin{cases} y = x + 1 \cdots ① \\ y = -2x + 7 \cdots ② \end{cases}$　①を②に代入して，$x + 1 = -2x + 7$　　$3x = 6$

$x = 2$　これを①に代入して，$y = 2 + 1 = 3$

（5）外角の和は，どんな多角形でも 360° である。よって，$360 \div 12 = 30$

解答例　第7回テスト

（1）$\dfrac{9a-2}{10}$　　（2）-2　　（3）$y=-2x+5$　　（4）$\dfrac{1}{4}$　　（5）6π cm²

解き方

（1）$\dfrac{2a-1}{5}+\dfrac{a}{2}=\dfrac{2(2a-1)}{10}+\dfrac{5a}{10}=\dfrac{4a-2+5a}{10}=\dfrac{9a-2}{10}$

（2）$a^2-2b=(-2)^2-2\times3=4-6=-2$

（3）$y=ax+b$ へ $x=2,\ y=1,\ a=-2$ を代入し，b を求める。　$1=-2\times2+b$　$b=5$

（4）2枚の硬貨の表，裏の出方は，（表，表）（表，裏）（裏，表）（裏，裏）の4通り。

　　　そのうち2枚とも表が出るのは1通り。

（5）おうぎ形の面積は，$\pi\times(半径)^2\times\dfrac{中心角}{360}$ より，

　　　$4^2\pi\times\dfrac{135}{360}=16\pi\times\dfrac{3}{8}=6\pi$

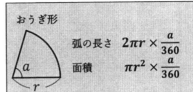

おうぎ形

弧の長さ　$2\pi r\times\dfrac{a}{360}$

面積　　　$\pi r^2\times\dfrac{a}{360}$

解答例　第8回テスト

（1）$-6a$　　（2）$x=9$　　（3）8人　　（4）60 kg　　（5）410 cm

解き方

（1）$12a^2\div4a^2\times(-2a)=-\dfrac{12a^2\times2a}{4a^2}=-6a$

（2）両辺に10をかけて，$10\times\dfrac{7x+2}{5}=10\times\dfrac{3x-1}{2}$　　$2(7x+2)=5(3x-1)$

　　　$14x+4=15x-5$　　$14x-15x=-5-4$　　$-x=-9$　　$x=9$

（3）子どもの人数をx人とする。$2x+14=3x+6$　　$2x-3x=6-14$　　$-x=-8$　　$x=8$

（4）Aさんの体重を$x$kgとすると，Bさんの体重は$(108-x)$kg　　　$x:(108-x)=5:4$

　　　$4x=5(108-x)$　　$4x=540-5x$　　$4x+5x=540$　　　$9x=540$　　　$x=60$

（5）小さい方から順に並べると　$290, 342, 387, 398, 422, 436, 451, 525$

　　　中央値は4番目と5番目の値の平均値を求める。　$\dfrac{398+422}{2}$

解答例　第9回テスト

（1）$4x-3$　　（2）$3^2\times5$　　（3）$2a(2x-y)$

（4）$(x,y)=(6,-2)$　　（5）体積：48 cm³，表面積：96 cm²

解き方

（1）$(12x^2y-9xy)\div3xy=\dfrac{12x^2y}{3xy}-\dfrac{9xy}{3xy}=4x-3$

（2）素数だけの積で表すことを素因数分解という。

$\begin{array}{r}3)\underline{45}\\3)\underline{15}\\5\end{array}$

（4）$\begin{cases}4x+5y=14\cdots①\\3x+2y=14\cdots②\end{cases}$　　①×3－②×4をすると，

　　　　　　　　　　　　　　　　　　　$7y=-14$　　$y=-2$

　　　これを②に代入すると，$3x-4=14$　　$3x=18$　　$x=6$

（5）体積：$\dfrac{1}{3}\times6^2\times4$　　　表面積：$6^2+\dfrac{1}{2}\times6\times5\times4$

（5）

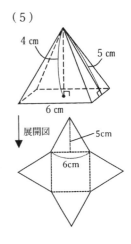

展開図

解答例　第10回テスト

（1）$6\sqrt{2}$　　（2）$x = 2, 3$　　（3）$100a + 10b + 8$　　（4）$y = 2$

（5）$\angle x = 107°$, $\angle y = 73°$

解き方

（1）$\sqrt{2} + 2\sqrt{2} + 3\sqrt{2} = (1 + 2 + 3)\sqrt{2}$

（2）$x^2 - 5x + 6 = 0$　　$(x - 2)(x - 3) = 0$ より, $x = 2, 3$

（4）$6 = 6a - 2$ より, $a = \dfrac{4}{3}$　式は, $y = \dfrac{4}{3}x - 2$　これに $x = 3$ を代入して $y = 4 - 2 = 2$

（5）右図より, $y + y + 34 = 180$　　$2y = 146$　　$y = 73$

また, 四角形 ABCD の内角の和は $360°$ なので,

$x + y = 180$　　$x + 73 = 180$　　$x = 107$

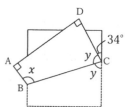

解答例　第11回テスト

（1）$3\sqrt{6}$　　（2）$x = \pm 7$　　（3）$y = \dfrac{1}{4}x^2$　　（4）$540°$　　（5）$\dfrac{1}{3}$

解き方

（1）$\sqrt{24} + \sqrt{2} \times \sqrt{3} = 2\sqrt{6} + \sqrt{6} = (2 + 1)\sqrt{6}$

（2）$x^2 = 49$　$x^2 = \pm\sqrt{49}$　$x = \pm 7$

（3）$y = ax^2$ より, $1 = a \times 2^2$　　$a = \dfrac{1}{4}$

（4）n 角形の内角の和は, $180 \times (n - 2) = 180 \times (5 - 2)$

（5）すべての場合の数は9通り。そのうち A が勝つのは

（A がグー, B がチョキ）

（A がチョキ, B がパー）

（A がパー, B がグー）の3通り。

A が勝つ確率は, $\dfrac{3}{9} = \dfrac{1}{3}$

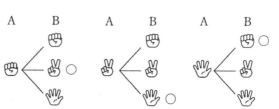

解答例　第12回テスト

（1）$\sqrt{3}$　　（2）$x = 1, 3$　　（3）4

（4）ア. 45 kg 以上 50 kg 未満の階級　イ. 80%　　（5）$\dfrac{16}{3}\pi$ cm³

解き方

（1）$3\sqrt{3} - 6 \div \sqrt{3} = 3\sqrt{3} - \dfrac{6}{\sqrt{3}} = 3\sqrt{3} - \dfrac{6 \times \sqrt{3}}{\sqrt{3} \times \sqrt{3}} = 3\sqrt{3} - \dfrac{6\sqrt{3}}{3} = 3\sqrt{3} - 2\sqrt{3}$

（2）$x^2 - 4x + 3 = 0$　　$(x - 1)(x - 3) = 0$

（3）変化の割合 $= \dfrac{y\text{の増加量}}{x\text{の増加量}} = \dfrac{3^2 - 1^2}{3 - 1} = \dfrac{8}{2} = 4$

（4）イ. $\dfrac{2 + 3 + 7}{15} \times 100$

（5）球の体積 $\left(\dfrac{4}{3}\pi r^3\right) \times \dfrac{1}{2} = \left(\dfrac{4}{3}\pi \times 2^3\right) \times \dfrac{1}{2} = \dfrac{16}{3}\pi$

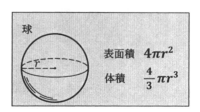

球

表面積　$4\pi r^2$

体積　$\dfrac{4}{3}\pi r^3$

解答例　第13回テスト

（1）$1+\sqrt{7}$　　　（2）$9+3\sqrt{7}$　　　（3）$a=\dfrac{3}{2}$

（4）

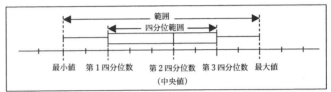

（5）$3:2$

解き方

（1）$(\sqrt{7}-2)(\sqrt{7}+3)=\sqrt{7}^2+3\sqrt{7}-2\sqrt{7}-6=7+(3-2)\sqrt{7}-6=1+\sqrt{7}$

（2）$x^2-x=(\sqrt{7}+2)^2-(\sqrt{7}+2)=7+4\sqrt{7}+4-\sqrt{7}-2=9+(4-1)\sqrt{7}=9+3\sqrt{7}$

（3）$6=a\times 2^2$ より，$6=4a$　$a=\dfrac{6}{4}=\dfrac{3}{2}$

（4）小さい順に並べると，　5　9　11　12　13　17　19　21　24

　　　第1四分位数 10　　第2四分位数 13　　第3四分位数 20　　最小値 5　　最大値 24

（5）$BC:EF=12:8=3:2$

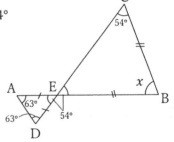

解答例　第14回テスト

（1）$-\dfrac{3}{14}$　　　（2）$y=\dfrac{-5x+10}{3}$　　　（3）$y=-3x+7$　　　（4）$(x-5)^2$　　　（5）$72°$

解き方

（1）$\dfrac{2}{7}-\dfrac{1}{2}=\dfrac{4}{14}-\dfrac{7}{14}=-\dfrac{3}{14}$

（2）$5x+3y=10$　$3y=-5x+10$　$y=\dfrac{-5x+10}{3}$

（3）$y=ax+b$ より，$1=-3\times 2+b$　$b=7$　　よって，$y=-3x+7$

（5）△EAD は二等辺三角形なので　∠D=63°, ∠AED=54°

　　　対頂角より　∠BEC=54°

　　　△BCE は二等辺三角形なので　∠C=54°

　　　∠$x=180-(54+54)$

解答例　第15回テスト

（1）-23　　　（2）$y=6$　　　（3）11　　　（4）$\dfrac{1}{3}$　　　（5）$\sqrt{13}$ cm

解き方

（1）$-3-4\times 5=-3-20=-23$

（2）反比例の関係 $y=\dfrac{a}{x}$ より，$-3=\dfrac{a}{4}$　$a=-12$　　よって，式は $y=-\dfrac{12}{x}$

（3）$-4a-1=-4\times(-3)-1=12-1=11$

（4）カードの取り出し方は $(3,4)(3,5)(3,6)(4,5)(4,6)(5,6)$ の 6 通り。

　　　そのうち，和が偶数なのは $(3,5)(4,6)$ の 2 通り。確率は，$\dfrac{2}{6}=\dfrac{1}{3}$

（5）三平方の定理より，$7^2=6^2+(AC)^2$　　$(AC)^2=49-36$　　　$AC=\sqrt{13}$

（1）600　　（2）$y = 15x$　　（3）8個　　（4）① 65点　② 82点　　（5）$x = 8$

解き方

（1）$53^2 - 47^2 = (53 + 47) \times (53 - 47) = 100 \times 6$

（2）距離＝速さ×時間　　y 分＝$\frac{y}{60}$ 時間　　$x = 4 \times \frac{y}{60}$

（3）$-5, \ -4, \ -3, \ -2, \ -1, \ 0, \ 1, \ 2$

（4）① $77 - 12 = 65(点)$

　　　② $(3 + 0 - 12 - 8 + 2) \div 5 = -15 \div 5 = -3(点)$　　$85 - 3 = 82(点)$

（5）$\triangle OAB \backsim \triangle ODC$ より，$6 : 9 = x : 12$　　$9x = 6 \times 12$　　$x = \frac{6 \times 12}{9} = 8$

（1）$\frac{7}{15}$　　（2）$a = 32$　　（3）50円切手：6枚　80円切手：2枚

（4）$y = \frac{2}{3}x + 2$　　（5）30°

解き方

（1）$\left(-\frac{4}{5}\right) \div \left(-\frac{6}{7}\right) \div 2 = \frac{4 \times 7}{5 \times 6 \times 2} = \frac{7}{15}$

（2）$-3 \times 3 + a = 2 \times 3 + 17$　　$a = 6 + 17 + 9$　　$a = 32$

（3）50円切手を x 枚，80円切手を $(8 - x)$ 枚　　$50x + 80(8 - x) = 460$

（4）グラフは，右へ3進むと上へ2進むので，傾きは $\frac{2}{3}$

　　　切片は 2 より，$y = \frac{2}{3}x + 2$

（5）右の図

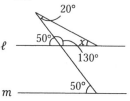

（1）$-\frac{2}{3}x + 1$　　（2）3　　（3）13 cm　　（4）$y = 3x^2$　　（5）$x = 6\sqrt{2}$

解き方

（1）$-\frac{4x^2}{6x} + \frac{6x}{6x}$　　（2）$2\sqrt{2} = \sqrt{8}, \ 3 = \sqrt{9}$　　よって，$\sqrt{7} < 2\sqrt{2} < 3$

（3）縦の長さを x cm とすると，横の長さは $(x - 8)$ cm　　よって，

　　　$x(x - 8) = 65$　　$x^2 - 8x - 65 = 0$　　$(x - 13)(x + 5) = 0$　　$x = 13, -5$

　　　$x > 0$ より，縦の長さは 13cm

（4）$y = ax^2$ より，$12 = a \times 2^2$,$a = 3$

（5）三角形 ABC は，45°，45°，90° の直角三角形なので，

　　　$AB : AC : BC = 1 : 1 : \sqrt{2}$

　　　$x : 12 = 1 : \sqrt{2}$　　$\sqrt{2}x = 12$　　$x = \frac{12}{\sqrt{2}}$　　$x = \frac{12 \times \sqrt{2}}{\sqrt{2} \times \sqrt{2}} = \frac{12\sqrt{2}}{2} = 6\sqrt{2}$

解答例　第 19 回テスト

（1）$\dfrac{n}{4}$　　（2）$x=-10$　　（3）7, 9 または-7, -9　　（4）-3　　（5）0.45

解き方

（1）$\dfrac{m-2n}{2}-\dfrac{2m-5n}{4}=\dfrac{2(m-2n)}{4}-\dfrac{2m-5n}{4}=\dfrac{2m-4n-2m+5n}{4}=\dfrac{n}{4}$

（2）両辺に 10 をかけて，$15x-40=22x+30$　　$15x-22x=30+40$　　$-7x=70$　　$x=-10$

（3）連続する 2 つの奇数を x, $x+2$ とする。

　　　　　$x(x+2)=63$　　$x^2+2x-63=0$　　$(x-7)(x+9)=0$　　　$x=7,-9$

（4）$-2\times(-2)^2+5=-2\times4+5=-8+5=-3$

（5）相対度数$=\dfrac{(その階級の度数)}{(度数の合計)}=\dfrac{9}{20}=0.45$

解答例　第 20 回テスト

（1）$-\dfrac{1}{12}x$　　（2）$-9\leqq y\leqq0$　　（3）$(x,y)=(2,4)$　　（4）$(x,y)=(-4,2)$

（5）12 cm

解き方

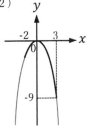

（2）

（1）$\dfrac{1}{2}x-\dfrac{1}{3}x-\dfrac{1}{4}x=\dfrac{6x-4x-3x}{12}=-\dfrac{1}{12}x$

（2）$x=0$ のとき y の値は最大となり，$x=3$ のとき y の値は最小となる。

（3）$\begin{cases}y=6-x\cdots① \\ x-y=-2\cdots②\end{cases}$　①を②に代入して，$x-(6-x)=-2$　　$2x=4$
　　　　　　　　　　　　　　　$x=2$　①に代入して，$y=6-2=4$

（4）$\begin{cases}y=-x-2\cdots① \\ y=\dfrac{1}{2}x+4\cdots②\end{cases}$　①を②に代入して，$-x-2=\dfrac{1}{2}x+4$　両辺を 2 倍　$-2x-4=x+8$
　　　　　　　　　　　　　　$-3x=12$　　$x=-4$　①に代入して，$y=-(-4)-2=4-2=2$

（5）おうぎ形の半径を x cm とすると，$2\pi x\times\dfrac{120}{360}=8\pi$

（5）8π cm

120°

x cm

　　　$2\pi x\times\dfrac{1}{3}=8\pi$　　$\dfrac{2}{3}\pi x=8\pi$　　$x=8\pi\times\dfrac{3}{2\pi}$

解答例　第 21 回テスト

（1）$3b$　　（2）$x=\dfrac{16}{3}$　　（3）$y=-\dfrac{54}{x}$　　（4）-3　　（5）

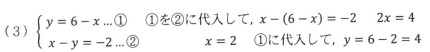

解き方

（1）$12ab^2\div4ab=\dfrac{12ab^2}{4ab}$

（2）$7x=4(x+4)$　　$7x=4x+16$　　$7x-4x=16$

　　　$3x=16$　　$x=\dfrac{16}{3}$

（3）$y=\dfrac{a}{x}$　　　$-9=\dfrac{a}{6}$　　$a=-54$

（4）一次関数 $y=ax+b$ の変化の割合は一定で，a に等しい。

-7-

数学 5 問

解答例 第22回テスト

（1）$\sqrt{3}$　　（2）$0 \leqq y \leqq 4$　　（3）$\sqrt{30} > 5$　　（4）① 29　② $3x-1$　　（5）$y=3$

解き方

（1）$\sqrt{27} - \sqrt{6} \times \sqrt{2} = 3\sqrt{3} - \sqrt{12} = 3\sqrt{3} - 2\sqrt{3} = \sqrt{3}$

（2）$x=0$ のとき最小値 $y=0$, $x=-4$ のとき最大値 $y=4$ である。

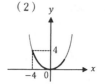

（2）

（3）$5 = \sqrt{25}$ なので, $\sqrt{30} > \sqrt{25}$

（4）① 1 番目の数が 2 で, 3 ずつ増えている。

　　　　10 番目までに 3 が $10-1=9$(個)

　　　　あるので, 10 番目の数は, $2+3 \times 9 = 29$

1番目　2番目　3番目　4番目　5番目　6番目
0,　2,　5,　8,　11,　14,　17, …
　　2　3　3　3　3　3

　　　② x 番目までに 3 が $x-1$(個)あるので, x 番目の数は, $2+3(x-1) = 3x-1$

（5）$y = \dfrac{1}{3} \times 3^2 = \dfrac{9}{3} = 3$

解答例 第23回テスト

（1）$11x - 2y$　　（2）-48　　（3）10％食塩水：75g　　8％食塩水：75g

（4）8.944　　（5）$x = \dfrac{8}{3}$

解き方

（1）$2(3x - y) + 5x = 6x - 2y + 5x = 11x - 2y$

（2）$-\dfrac{3a^2 b \times 4b}{2ab} = -6ab = -6 \times 2 \times 4 = -48$

（3）10％の食塩水を x g, 8％の食塩水を y g とすると
$$\begin{cases} 0.1x + 0.08y = 0.09 \times 150 \ldots ① \\ x + y = 150 \ldots ② \end{cases}$$

　　　　①×100−②×8 をすると, $2x = 150$　$x = 75$　②に代入して, $y = 150 - 75 = 75$

（4）$\sqrt{80} = \sqrt{5} \times \sqrt{16} = 2.236 \times 4 = 8.944$

（5）$2 : 3 = x : 4$　　$3x = 2 \times 4$　　$x = \dfrac{8}{3}$

$$\begin{array}{r} 2)\underline{80} \\ 2)\underline{40} \\ 2)\underline{20} \\ 2)\underline{10} \\ 5 \end{array}$$

解答例 第24回テスト

（1）$-\dfrac{5}{4}$　　（2）$2x - 9$　　（3）$(x, y) = (4, -1)$　　（4）$y = \dfrac{2}{3}x + 4$　　（5）$\angle x = 58°$

解き方

（1）$\dfrac{2a-1}{4} - \dfrac{a+2}{2} = \dfrac{2a-1}{4} - \dfrac{2(a+2)}{4} = \dfrac{2a-1-2a-4}{4} = \dfrac{-5}{4}$

（2）$(7x - 5) - (ある式) = 5x + 4$　　(ある式) $= 7x - 5 - (5x + 4)$　　(ある式) $= 7x - 5 - 5x - 4$

（3）$\begin{cases} x - 5y = 9 \ldots ① \\ 2x + y - 7 = 0 \ldots ② \end{cases}$　②を移項して, $y = -2x + 7$　①に代入して, $x - 5(-2x + 7) = 9$
$x + 10x - 35 = 9$　$11x = 44$　$x = 4$ より, $y = -2 \times 4 + 7 = -1$

（4）$y = ax + b$ より, $2 = -3a + 4$　$3a = -2 + 4$　$a = \dfrac{2}{3}$

（5）右の図より, $\angle x = 180 - (47 + 75)$

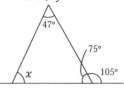

（1）4.6　　（2）6つ　　（3）$x = -\frac{8}{3}$　　（4）$0.75x$（円）　　（5）点 A$(-1,1)$, 点 B$(2,4)$

解き方

（1）$0.6 + 0.5 \times 8 = 0.6 + 4.0 = 4.6$

（2）$2, 3, 5, 7, 11, 13$ の 6つ

（3）両辺に 15 をかける。$15 \times \frac{7x+2}{5} = 15 \times \frac{3x-2}{3}$　　　$3(7x + 2) = 5(3x - 2)$

　　　$21x + 6 = 15x - 10$　　　$21x - 15x = -10 - 6$　　　$6x = -16$　　　$x = -\frac{16}{6} = -\frac{8}{3}$

（4）$x \times (1 - 0.25) = x - 0.25x = 0.75x$

（5）$x^2 = x + 2$　　$x^2 - x - 2 = 0$　　$(x + 1)(x - 2) = 0$　　$x = -1, 2$

　　　$x = -1$ のとき, $y = x^2$ へ代入して $y = 1$　　　$x = 2$ のとき, $y = x^2$ へ代入して $y = 4$

（1）$\frac{-x-y}{2}$　　（2）$(x + 5)(x - 5)$　　（3）$y = 2x + 3$　　（4）$x = -2, 14$　　（5）$95°$

解き方

（1）$\frac{x-3y}{2} - x + y = \frac{x-3y}{2} - \frac{2x}{2} + \frac{2y}{2} = \frac{x-3y-2x+2y}{2} = \frac{-x-y}{2}$

（3）$y = ax + b$ より　$\begin{cases} 1 = -a + b \ldots ① \\ 9 = 3a + b \ldots ② \end{cases}$　　①－②をすると, $-8 = -4a$　$a = 2$

　　　①に代入すると, $1 = -2 + b$ より, $b = 3$

　　　よって, $y = 2x + 3$

（4）$x^2 - 12x - 28 = (x + 2)(x - 14)$ より, $x = -2, 14$

（5）5角形の内角の和は, $180° \times (5 - 2) = 540°$

　　　$540 - (145 + 100 + 105 + 95) = 95$

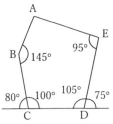

（1）2　　（2）$a = b + 4c$　　（3）$6 - 3\sqrt{3}$　　（4）$\frac{1}{2}$　　（5）$\angle x = 17°$

解き方

（1）$4 + 8 \div (5 - 9) = 4 + 8 \div (-4) = 4 + (-2) = 2$

（2）両辺に 4 をかけて, $4c = a - b$　$a = b + 4c$

（3）$x^2 - x + 1 = (\sqrt{3} - 1)^2 - (\sqrt{3} - 1) + 1 = 3 - 2\sqrt{3} + 1 - \sqrt{3} + 1 + 1 = 6 - 3\sqrt{3}$

（4）出る目の数の和が偶数になるのは,

　　　$(1, 1) (1, 3) (1, 5) (2, 2) (2, 4) \ldots 18$ 通り。確率は, $\frac{18}{36} = \frac{1}{2}$

（5）円周角の定理より, $\angle$BOC は$\angle$BAC の 2 倍なので, $\angle$BOC$= 146°$　　　辺 OB と辺 OC は

　　　どちらも円の半径より, △OBC は二等辺三角形なので, $\angle x = (180° - 146°) \div 2$

　　　　　　　　　　　　　　　　　　　　　　　　数学5問

（1）$5\sqrt{2}$　　（2）$b=-1$　　（3）6　　（4）108個　　（5）$\angle x = 50°$

解き方

（1）$\sqrt{8} + \dfrac{6}{\sqrt{2}} = 2\sqrt{2} + \dfrac{6\sqrt{2}}{\sqrt{2}\times\sqrt{2}} = 2\sqrt{2} + 3\sqrt{2} = (2+3)\sqrt{2}$

（2）$2\times 2^2 + 2b = 6$　　$2b = 6-8$　　$2b = -2$　　$b = -1$

（3）$3^2 < \sqrt{15} < 4^2$ より, $a=3$, $b=\sqrt{15}-3$　　よって,

　　　$b^2 + 2ab = (\sqrt{15}-3)^2 + 2\times 3 \times (\sqrt{15}-3) = 15 - 6\sqrt{15} + 9 + 6\sqrt{15} - 18 = 6$

（4）黒い球が x 個とすると, $20:12 = 180:x$　　$20x = 12\times 180$　　$x = 108$

（5）$\angle x = 20 + 30$

（1）$-\dfrac{1}{10}$　　（2）$3y(x-4)(x+2)$　　（3）$(4,-1)$　　（4）3　　（5）$\dfrac{25}{4}$ cm

解き方

（1）$-\dfrac{6}{5}\times\left(\dfrac{1}{3}-\dfrac{1}{4}\right) = -\dfrac{6}{5}\times\dfrac{1}{3}+\dfrac{6}{5}\times\dfrac{1}{4} = -\dfrac{2}{5}+\dfrac{3}{10} = -\dfrac{4}{10}+\dfrac{3}{10} = -\dfrac{1}{10}$

（2）$3y(x^2-2x-8) = 3y(x-4)(x+2)$

（4）2点 A, B の x 座標を求める。

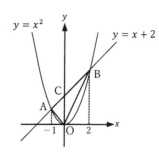

　　　$x^2 = x+2$　　$x^2-x-2 = 0$　　$(x-2)(x+1)=0$

　　　点 A の x 座標は-1, 点 B の x 座標は2,

　　　直線 $y=x+2$ と y 軸の交点を C$(0,2)$ として,

　　　$\triangle$OAC と$\triangle$OBC の面積の和は　$\dfrac{1}{2}\times 2\times 1 + \dfrac{1}{2}\times 2\times 2 = 3$

（5）$\triangle$PAB $\infty\triangle$PCD なので,　$5:16 = $ PD$:20$　　PD$= \dfrac{5\times 20}{16}$

（1）$-27ab^2$　　（2）$h = \dfrac{3V}{\pi r^2}$　　（3）$-1 \leqq y \leqq 2$　　（4）$n=10$　　（5）0.1

解き方

（1）$(-3ab)^2 \div \left(-\dfrac{1}{3}a\right) = 9a^2b^2 \times \left(-\dfrac{3}{a}\right) = -\dfrac{9a^2b^2\times 3}{a} = -27ab^2$

（2）両辺に 3 をかける。$3\times V = 3\times\dfrac{1}{3}\pi r^2 h$　　$3V = \pi r^2 h$　　$\pi r^2 h = 3V$　　$h = \dfrac{3V}{\pi r^2}$

（3）$x=-4$ のとき, $y=-\dfrac{1}{4}\times(-4)+1 = 2$　　$x=8$ のとき, $y=-\dfrac{1}{4}\times 8 + 1 = -1$

（4）$\sqrt{90n} = 3\sqrt{10n}$ より, この値が自然数となるもっとも小さい自然数 n は10

　　　$\sqrt{90\times 10} = \sqrt{900} = 30$

（5）$2\div(1+2+4+7+4+2) = 2\div 20 = 0.1$

数学5問

（1）-10　　（2）10　　（3）$(3x+8)(3x-8)$　　（4）$\frac{32}{3}\pi$ cm³　　（5）$5\sqrt{5}$ cm

解き方

（1）$\left(\frac{1}{3}+\frac{2}{9}\right)\times(-18)=\left(\frac{3}{9}+\frac{2}{9}\right)\times(-18)=\frac{5}{9}\times(-18)=-10$

（2）$(2a+3)^2-4a(a+5)=4a^2+12a+9-4a^2-20a=-8a+9=-8\times(-\frac{1}{8})+9=10$

（4）半径rの球の体積は，$\frac{4}{3}\pi\times r^3=\frac{4}{3}\pi\times 2^3=\frac{32}{3}\pi$

（5）EG$=\sqrt{6^2+8^2}=\sqrt{100}=10$　　AG$=\sqrt{10^2+5^2}=\sqrt{125}=5\sqrt{5}$

　　　（別解：AG$=\sqrt{5^2+6^2+8^2}=\sqrt{125}=5\sqrt{5}$ ）

（1）$7-4\sqrt{3}$　　（2）$x=7,-8$　　（3）36π cm²　　（4）8 cm　　（5）$\frac{1}{6}$

解き方

（1）$\left(2-\sqrt{3}\right)^2=2^2-2\times 2\times\sqrt{3}+(\sqrt{3})^2=4-4\sqrt{3}+3=7-4\sqrt{3}$

（2）$x^2+x-56=0$　　$(x-7)(x+8)=0$　　$x=7,-8$

（3）半径rの球の表面積は，$4\pi r^2=4\pi\times 3^2$

（4）底面の円が円Oの円周上を4回転して

　　　1周するので，円Oの円周は16π cm

　　　円Oの半径（＝円錐の母線）をrとすると，$2\pi r=16\pi$　　$r=8$(cm)

（5）頂点Dに止まるのは，サイコロの和が3か9のときである。

　　　つまり，(1,2) (2,1) (3,6) (6,3) (4,5) (5,4) の 6 通り。確率は，$\frac{6}{36}=\frac{1}{6}$

（1）-0.04 $\left(-\frac{1}{25}\right)$　　（2）$y=-21$　　（3）歩いた距離 250 m，走った距離 750 m

（4）$57°$　　（5）4 cm

解き方

（1）$0.2\div(-5)=-\frac{0.2}{5}$

（2）$y=ax$ より，$3=5a$　　$a=\frac{3}{5}$　　式は$y=\frac{3}{5}x$　　$x=-35$ を代入して，$y=\frac{3}{5}\times(-35)$

（3）歩いた距離をx m，走った距離をy mとすると，$\begin{cases} x+y=1000 \cdots① \\ \frac{x}{20}+\frac{y}{100}=20 \cdots② \end{cases}$

　　　②$\times 100-$①をすると，$4x=1000$　　$x=250$　　①に代入して，$y=1000-250=750$

（4）∠BAC=∠BDC=$33°$　　　直径ACに対する円周角なので ∠ADC=$90°$

　　　よって，∠ADB=∠ADC$-$∠BDC$=90°-33°=57°$

（5）△ADEと△ABCの面積比が$4:9=2^2:3^2$なので，相似比は $2:3$

　　　$2:3=$DE$:6$　　$3\times$DE$=2\times 6$　　DE$=4$

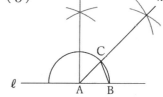

解答例　第34回テスト

（1）8　　（2）$x = 32$　　（3）$x = 10$　　（4）$\dfrac{3}{8}$　　（5）

解き方

（1）$2 - 6 \times (3 - 4) = 2 - 6 \times (-1) = 2 + 6 = 8$

（2）$3(x - 8) = 4 \times 18$　　$3x - 24 = 72$　　$3x = 72 + 24$

　　　$3x = 96$　　$x = 32$

（3）△ABC∽△DBE である。

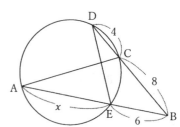

　　　$8 : (x + 6) = 6 : (4 + 8)$

　　　$6(x + 6) = 8 \times 12$　　$6x = 96 - 36$

　　　$6x = 60$　　$x = 10$

（4）すべての場合の数は,(1回目,2回目,3回目)

　　　=(表,表,表)(表,表,裏)(表,裏,表)(表,裏,裏)

　　　(裏,表,表)(裏,表,裏)(裏,裏,表)(裏,裏,裏)　8通り。

　　　表が1回，裏が2回出るのは3通り。　よって, 確率は $\dfrac{3}{8}$

（5）1. 中心 A, 半径 AB の円をかく。　　2. A を通る直線 ℓ の垂線 m をひく。

　　　3. 直線 ℓ と直線 m の二等分線 n をひく。　　4. 直線 n と円との交点が C である。

　　　5. 点 B と点 C を結ぶ。

解答例　第35回テスト

（1）$8\sqrt{3}$　　（2）36　　（3）$y = 3x + 4$　　（4）-5　　（5）$5\sqrt{14}$ ㎠

解き方

（1）$3\sqrt{3} + \dfrac{15 \times \sqrt{3}}{\sqrt{3} \times \sqrt{3}} = 3\sqrt{3} + \dfrac{15\sqrt{3}}{3} = 3\sqrt{3} + 5\sqrt{3} = (3 + 5)\sqrt{3}$

（2）$a^2 + 2ab + b^2 = (a + b)^2 = (5 + 1)^2 = 6^2$

（3）点 A$(-1, 1)$, 点 B$(4, 16)$より, 傾きは $\dfrac{16 - 1}{4 - (-1)} = 3$

　　　$y = 3x + b$ へ $(-1, 1)$ を代入し, $b = 4$ とわかる。よって, $y = 3x + 4$

（4）$\begin{cases} 3x + y = 9 \cdots① \\ x + 2y = 8 \cdots② \end{cases}$　①を移項して, $y = -3x + 9$　これを②に代入して,

　　　$x + 2(-3x + 9) = 8$　　$x - 6x + 18 = 8$　　$-5x = -10$　　$x = 2$

　　　$x = 2$ を①に代入して，$6 + y = 9$　　$y = 3$　　$x = 2, y = 3$ より,

　　　$x^2 - y^2 = 2^2 - 3^2 = 4 - 9 = -5$

（5）三平方の定理より, BC$= \sqrt{9^2 - 5^2} = \sqrt{81 - 25} = \sqrt{56} = 2\sqrt{14}$

　　　△ABC の面積 $= \dfrac{1}{2} \times 2\sqrt{14} \times 5$

数学5問

解答は左の QR コードか、下の URL からでも見ることができます。

https://tinyurl.com/5n869pn6

英語解答・解説

解答例　第1回テスト

（1）am　　（2）are　　（3）does，watch　　（4）Jane can play tennis very well.　　（5）ウ

対訳と解説

（1）私は野球選手です。　　（2）ミカとケイコは姉妹です。

（5）A：あのイヌを見てください。　とてもかわいいです。

　　B：私もそう思います。あなたはイヌが好きですか。

　　A：（はい、好きです。）

（1）主語が I なので be 動詞は am「…です」　　　　　　player＝選手

（2）主語が複数の Mika and Keiko なので be 動詞は are「…です」

（3）主語が Takeshi なので否定文は does not＋動詞の原形　　watch＝…を（注意して）見る

（4）can＝…することができる　※can などの助動詞の後には動詞の原形を用いる。

（5）look at＝…を見る　　cute＝かわいい　　I think so, too.＝私もそう思います。　　like＝…を好む、…が好きである

＜be 動詞の使い方＞ ※be 動詞の意味は「…です」「（…に）いる」「（…が）ある」

主語(…は)	現在の文	過去の文
I	am	was
you, we, they, 2 人、2 つ以上	are	were
その他(he, she, it, this, that, 人名など)	is	was

解答例　第2回テスト

（1）Does　　（2）was　　（3）are，in　　（4）What is your favorite color ?

（5）①Who　②What

対訳と解説

（1）彼は海の近くに住んでいますか。

（2）彼女は昨日図書館にいました。

（5）A：あの女の子は①(だれ)ですか。

　　B：彼女は新しい生徒のサオリです。私は昨日彼女と話をしました。

　　A：あなたたちは②(何)について話をしましたか。

　　B：私たちは音楽について話をしました。

（1）主語が he なので疑問文は Does he＋動詞の原形…?　　live＝住む　　near＝…の近くに[で]　　sea＝海

（2）主語が She で、yesterday「昨日」のことなので be 動詞は was「…でした」　　library＝図書館

（3）名詞が複数形の balls なので There are「…がある」　　in＝…の中に[で、の]

（4）what＝何　　favorite＝いちばん好きな、お気に入りの

（5）{その他の語: which＝どちら　whose＝だれの、だれのもの}

　　girl＝女の子　　new＝新しい　　student＝生徒　　talk＝話す　　about＝…について　　music＝音楽

解答例　第3回テスト

（1）is not　　（2）heard　　（3）Do, have, any　　（4）Can you speak Japanese ?
（5）①ウ　②ア　③イ

対訳と解説

（1）彼女はサッカー選手ではありません。

（2）私は昨日そのニュースを聞きました。

（5）A：①(ウ　タケシはどこですか。)

　　　B：②(ア　彼は音楽室にいます。)

　　　A：③(イ　彼は何をしていますか。)

　　　B：彼はピアノをひいています。

（1）主語が She なので be 動詞の否定文は is not「…ではありません」　　player＝選手

（2）hear「…を聞く」の過去形は heard「…を聞いた」　　news＝ニュース

（3）any＝いくらかの、何らかの　　have＝…を持っている

（4）Can you…?＝あなたは…できますか。　　speak＝(ある言語を)話す

（5）What+be 動詞+主語+doing ?＝～は何をしていますか。　where＝どこに　music room＝音楽室　piano＝ピアノ

<Do, don't, Does, doesn't, Did, didn't の選び方>

主語(…は)	現在		過去	
	疑問文	否定文	疑問文	否定文
I, you, 複数(we, they, she and I など)	Do	don't	Did	didn't
その他(he, she, it, this, that, 人名など)	Does	doesn't	Did	didn't

※疑問文や否定文では主語が何であっても動詞は like, have, go など原形を使います。(例) He doesn't play the piano.

解答例　第4回テスト

（1）has　　（2）watching　　（3）yours　　（4）Do Jane and your sister play tennis ?
（5）①ウ　②ア　③イ

対訳と解説

（1）ジローはよいギターを持っています。

（2）私は今テレビを見ています。

（5）A：①(ウ　これはだれのギターですか。)

　　　B：②(ア　それは私のものです。)

　　　A：あなたはそれをひけますか。

　　　B：③(イ　いいえ、ひけません。) 私はもっと練習しなければなりません。

（1）主語が Jiro で現在のことなので has　　guitar＝ギター

（2）主語+be 動詞+ …ing＝…している

（3）yours＝あなたのもの、あなたたちのもの　　which＝どちら

（4）主語が複数の Jane and your sister なので疑問文は、Do Jane and your sister～?

（5）whose＝だれの、だれのもの　　mine＝私のもの　　have to＝…しなくてはならない

　　　practice＝(…を)練習する　　more＝もっと

- 14 -　　　　　　　　　　　　　　　　　　英語5問

（1）likes　　（2）her　　（3）to,　play　　（4）Don't take pictures in the museum.

（5）He goes to school by bike.

対訳と解説

（1）タカシは英語と数学が好きです。

（2）あの男の子は彼女の兄(弟)ですか。

（5）ジョン：あなたはどのようにして学校に行きますか。

　　ミナ　：私は毎日歩いて学校に行きます。あなたはどうですか。

　　ジョン：私は自転車で学校に行きます。

　　質問　：ジョンはどのように学校に行きますか。

（1）主語が Takashi で現在のことなので likes　like=…を好む、…が好きである　　English＝英語　　math＝数学

（2）her=彼女の

（3）to play=…をするために　　went＝go「行く」の過去形

（4）Don't +動詞の原形=…してはいけない、…するな　　take=(写真など)を撮る　　museum=美術館、博物館

（5）how=どのようにして　　walk to…=…に歩いて行く　　by=…によって　　bike=自転車

> ＜三単現のルール＞
>
> 現在のことを述べている文で、主語が He, She, It, Ken などのとき、動詞に s が付きます。
>
> 　　　　　　　　　　(例) Takeshi plays soccer.「タケシはサッカーをします。」
>
> また、疑問文や否定文の場合、主語が何であっても動詞は原形の like, have, go などを用います。
>
> 　　　　　　　　　　She doesn't play the piano.「彼女はピアノをひきません。」
>
> 　　　　　　　　　　Does he play soccer？「彼はサッカーをしますか。」

（1）Was　　（2）went　　（3）are,　friends　　（4）She studied for two hours last night.

（5）He lives in Fukushima.

対訳と解説

（1）彼女は昨日家にいましたか。

（2）私は先週の日曜日に博物館に行きました。

（5）ケンジ　：私は昨夜おじさんからのEメールを受け取りました。彼は今東京にいます。

　　ミナ　　：彼は東京に住んでいますか。

　　ケンジ　：いいえ。彼はただ旅行をしているだけです。

　　　　　　　彼は福島に住んでいて、そこで英語を教えています。

　　問題　　：ケンジのおじさんはどこに住んでいますか。

（1）主語が she で、yesterday「昨日」のことなので Was she…?「彼女は…にいましたか。」　　at home=家で[に]

（2）go「行く」の過去形は went「行った」

（3）主語が複数の Mike and Tom なので be動詞は are「…です。」 後に続く名詞も複数形 friends になる。

（4）last night「昨夜」のことなので studied「勉強した」

（5）got＝get「…を得る、受け取る」の過去形　　live=住む　　travel=旅行する

解答例　第7回テスト

（1）in　　（2）April　　（3）under　　（4）Which do you like, dogs or cats ?

（5）He went to the sea last Sunday.

対訳と解説

（1）私は 2010 年に沖縄を訪れました。

（2）A：3月の次の月は何月ですか。

　　　B：4月です。

（5）ミナ　　　：あなたは先週の日曜日にどこへ行きましたか。

　　　ケンジ　：私は海に行きました。

　　　ミナ　　　：あなたは楽しみましたか。

　　　ケンジ　：はい、楽しみました。

　　　質問　　　：ケンジはいつ海に行きましたか。

（1）in+年号・月・季節　　（[その他の語]　on+曜日・日付　　at+時刻）　　visit＝[人・場所] を訪ねる

（2）what＝何　　　month=（暦の上での）月　　after＝…のあとに（で）　　March＝3月　　April＝4月

（3）had＝have「…を持っている、…を食べる、飲む」の過去形　　under=…の下に[で]

（4）which＝どちら　　　or＝…かまたは〜

（5）sea=海　　enjoy＝…を楽しむ　　when=いつ

解答例　第8回テスト

（1）didn't　　（2）listening　　（3）What, time

（4）I'm interested in Japanese culture.

（5）She enjoys reading books.

対訳と解説

（1）彼は先週図書館に行きませんでした。

（2）私は夕食の後に、よく音楽を聞くことを楽しみます。

（3）A：あなたは何時に駅に着きましたか。

　　　B：午前9時です。

（5）ミナ　　　：あなたは家で何を楽しみますか。

　　　ケンジ　：私はテレビゲームをすることを楽しみます。あなたはどうですか。

　　　ミナ　　　：私は本を読むことを楽しみます。

　　　質問　　　：ミナは家で何を楽しみますか。

（1）last week「先週」のことなので didn't+動詞の原形

（2）enjoy …ing=…することを楽しむ　　often=しばしば、よく　　listen=聞く　　after＝…のあとに（で）

（3）what time=何時　　get to＝…に着く、到着する　　station＝駅　　at+時刻＝…時に

（4）be interested in=…に興味がある

（5）at home=家で[に]　　video game＝テレビゲーム

（1）to watch　　（2）again　　（3）My mother will be fifty years old next month.

（4）He knows how to use the computer.　　（5）①　ウ　②　ア　③　イ

対訳と解説

（1）彼は鳥を見るために公園に行きました。

（2）A：アメリカでは夏休みはいつ始まりますか。

　　　B：それはふつう6月に始まります。学校は9月に再び始まります。

（3）私の母は来月50歳になります。

（5）A：①（ウ　すみません。図書館への道を教えてください。）

　　　B：②（ア　いいですよ。この道を進んでください。）

　　　A：はい。

　　　B：③（イ　2つ目の信号で右に曲がってください。それは公園のそばです。）

　　　A：ありがとう。

（1）to watch=…を見るために　　　　　bird=鳥

（2）again=ふたたび　　　start=始まる　　　usually=たいてい、ふつう　　　June=6月　　　September=9月

（3）will=…でしょう、…だろう　　　next=次の　　　（4）how to=…する方法、どう…するか

（5）tell=…に（〜を[〜だと]）話す、教える　　　the way to the library=図書館への道

　　　at the second traffic right=2番目の交通信号で　　　by the park=公園のそば

（1）and　　（2）There, is　　（3）What a cool car !　　（4）The movie makes people happy.

（5）① He is fifteen years old.　② They enjoyed fishing in the river.

対訳と解説

（1）次の角を左に曲がってください、そうすれば病院が見えるでしょう。

（2）その町に図書館があります。　　　（3）なんてかっこいい車でしょう!

（5）サトルは15歳です。先週の日曜日、彼の父はサトルに言いました。「今日、私はひまです。私とつりに行きたいですか。」サトルは言いました。「すばらしい。行きましょう。」彼らは川に行って、いっしょにつりをすることを楽しみました。

　　　質問：① サトルは何歳ですか。　② 彼らはどこでつりを楽しみましたか。

（1）and=[命令形のあとで]そうすれば　　（[その他の語]　but=しかし　or=[主に命令文のあとで]そうしなければ）

　　　Turn left=左に曲がってください　　　at the next corner=次の角を　　　see=…が見える　　　hospital=病院

（2）前半の英文中の動詞 have は「…を持っている」以外に「…がある」という意味があるので、

　　　空欄に There is「…がある」を入れると同じ意味の文章となる。

（3）What+ a +形容詞(副詞)+(…)名詞！=なんて〜な…なのでしょう！　　　cool=かっこいい　　　car=車

（4）make+(人・もの)+ …=(人・もの)を…の状態にする　　　happy=幸せな

（5）free＝自由な、ひまな　　　today＝今日　　　want to＝…したい　　　fishing＝つり　　　with＝…といっしょに

　　　said＝say「(…を)言う、…だと言う」の過去形　　　great＝すばらしい　　　let's＝…しよう

　　　together=いっしょに　　　how old=何歳

（1）was　　（2）mine　　（3）Would you like something to drink ?

（4）That building is the highest (tallest) in Tokyo.　　（5）エ

対訳と解説

（1）私はそのとき音楽を聞いていました。　　（2）タケシは私の友達です。

（3）飲み物はいかがですか。

（5）A：こんにちは、ジョンです。

　　　B：やあ、ジョン。どうしたのですか。

　　　A：私は明日泳ぎに行くつもりです。来ることができますか。

　　　B：(エ 行きたいですが、できないのです。) 私は母を手伝わなくてはなりません。

（1）I was …ing＝私は、(過去のある時点で)…していた　　　listen＝聞く　　　then＝そのとき

（2）mine＝私のもの　　　a friend of mine＝私の友達

（3）Would you like… ?＝…はいかがですか。　　　something to drink＝飲むための何か→飲み物

（4）A is the highest(tallest) in B＝A は B(の中)でいちばん高い

（5）([他の選択肢] ア はい、そうしましょう。イ すみませんが、彼女は今外出中です。ウ ジョンをお願いします。)

　　　would like to＝…したい(のですが)　　　What's up ?＝どうしたのですか。　　　must＝…しなければならない

┌───┐
│　＜…ing を使う3つの表現＞   │
│　現在進行形(主語+be 動詞+ …ing＝…している) (例)I am reading a book now.「私は今本を読んでいます。」│
│　動名詞(…すること)　　　　　　　　　　　　I enjoy playing soccer.「私はサッカーをすることを楽しみます。」│
│　名詞+現在分詞+語句＝…している〜　　　　　The boy drinking tea is Ken.「そのお茶を飲んでいる男の子はケンです。」│
└───┘

（1）these　　（2）bought　　（3）because

（4）マイクはジョンと同じくらいじょうずに日本語を話します。

（5）His favorite Japanese food is soba.

対訳と解説

（1）彼はこれらの箱を運んでいます。

（2）A：その店で何か買いましたか。　　　B：はい。私はノートを2冊買いました。

（5）ブラウン　　：あなたはどんな和食が好きですか。

　　　ジム　　　：私はすしがいちばん好きです。あなたはどうですか。

　　　ブラウン　　：私もすしが好きです。しかし、私がいちばん好きな和食はそばです。

　　　質問　　　：ブラウンのいちばん好きな和食は何ですか。

（1）選択肢の後の名詞が複数形の boxes なので、these boxes「これらの箱」　　　carry＝…を(持ち)運ぶ

（2）buy「…を買う」の過去形は bought「…を買った」　　　anything＝[疑問文で]何か　　　shop＝店

（3）because＝…だから、…なので

（4）speak＝(ある言語を)話す　　　as…as〜＝〜と同じくらい…　　　well＝じょうずに

（5）what Japanese food＝どんな和食　　　best＝いちばん(よく)　　　too＝…もまた　　　favorite＝いちばん好きな

（1）taller　（2）Swimming　（3）If, tomorrow, will

（4）I am going to visit Kumamoto next month.　（5）It's nine forty.

対訳と解説

（1）ボブはマイクより背が高いです。　（2）この川で泳ぐことは危険です。

（5）メアリー：ハイ、ケン。何をしているのですか。

　　　ケン　　：ハイ、メアリー。私は友達を待っています。彼は10時にここに来るでしょう。

　　　メアリー：ああ、あなたは20分待たなくてはなりませんね。

　　　質問　　：今何時ですか。

（1）A is taller than B＝AはBより背が高い　　taller＝より高い(tall「(背が)高い」の比較級)

　　　([その他の語]　tallest＝最も高い(最上級))

（2）swimming＝泳ぐこと　　　dangerous＝危険な

（3）if＝もし…ならば

（4）be going to＝…するつもりだ

（5）wait＝待つ　　　here＝ここに[で、へ]　　　at＋時刻＝…時に　　　for＝…の間　　　what time＝何時

（1）do　（2）running　（3）asked, to　（4）I have many things to do.

（5）① studied　② studying　③ studies　④ study

対訳と解説

（1）あなたは昨日何をしましたか。

（2）あなたはそのとき公園を走っていましたか。

（3）A：彼女はあなたに何をたのみましたか。　B：彼女は私にドアを閉めるようにたのみました。

（5）昨日、私はヒロミの家に行きました。私たちはいっしょに英語を①(勉強しました)。私たちが

　　②(勉強をしていた)とき、ヒロミの姉がヒロミの部屋に来ました。彼女は英語教師になるために大学

　　で英語を③(勉強しています)。彼女は私たちが英語を④(勉強するのを)手伝ってくれました。私た

　　ちはとてもよい時を過ごしました。

（1）What＋did＋主語＋動詞の原形…?

（2）Were you …ing～?＝あなたは(過去のある時点で)…していましたか。　　　then＝そのとき

（3）ask＋人＋ to ＋動詞の原形＝…に(～を)たのむ　　　close＝…を閉じる　　　door＝ドア、戸

（4）many things to do＝するべきたくさんのこと

（5）help ＋人＋動詞の原形＝(人)が…するのを手伝う　　　house＝家　　　together＝いっしょに、ともに

　　　came＝come「来る」の過去形　　　university＝大学

＜不定詞の3つの用法＞

…するために　　(例) We go to school to study. 「私たちは勉強するために学校に行きます。」

…するべき　　　I have many books to read. 「私は読むべきたくさんの本があります。」

…すること　　　To watch TV is fun. 「テレビを見ることは楽しいです。」

解答例　第15回テスト

（1）more popular　　（2）her　　（3）think，should

（4）Don't run in the classroom.　（5）イ

対訳と解説

（1）私は野球は他のスポーツより人気があると思います。

（2）彼女を知っていますか。

（5）A：あなたは何を見ているのですか。

　　　B：私は何枚かの写真を見ています。去年鹿児島へ行ったとき、私はそれらを撮りました。

　　　A：それらを見てもよいですか。

　　　B：もちろん。（イ　はい、どうぞ。）

（1）A is more popular than B＝A は B より人気だ　　more popular＝より人気だ(popular「人気だ」の比較級)

　　（[その他の語]　most popular＝最も人気だ(最上級)）　　other＝ほかの、別の　　sport＝スポーツ

（2）her＝彼女を

（3）I think that …＝私は…だと思う　　should＝…すべきである

（4）Don't+動詞の原形＝…してはいけない、…するな　　run＝走る

（5）（[他の選択肢]　ア　ありがとう。　ウ　またね。　エ　ええと。）

　　look at＝…を見る　　some＝いくつかの　　picture＝写真　　took＝take「(写真など)を撮る」の過去形

　　when＝…するときに　　sure＝もちろん

解答例　第16回テスト

（1）will　　（2）I was surprised to hear the news.　　（3）What，after

（4）We practice soccer every day.

（5）① She went to New York.　　② She bought a baseball cap.

対訳と解説

（1）明日は雨でしょう。

（2）私はそのニュースを聞いて驚きました。

（5）夏休みの間に、私は友達のジェーンと会うためにニューヨークに行きました。私は彼女の家に

　　2週間滞在しました。私たちはたくさんのことを楽しみました。例えば、私たちは買い物を楽し

　　みました。私は弟のために野球帽を買いました。

　　質問：① ハナは夏休みの間、どこに行きましたか。

　　　　　② ハナは弟のために何を買いましたか。

（1）tomorrow「明日」のことなので will「…でしょう」

（2）I was surprised to …＝私は…して驚いた　　hear＝…を聞く　　news＝ニュース

（3）what＝何　　after＝…のあとに(で)

（4）practice＝(…を)練習する　　every day＝毎日

（5）during＝…の間ずっと、…の間に　　see＝…に会う　　stay＝とどまる、いる　　for＝…の間、…のために

　　thing＝もの、こと　　for example＝例えば　　enjoy …ing＝…することを楽しむ　　shopping＝買い物

（1）May （2）older than （3）私たちはたくさんのことをするためにコンピュータを使います。

（4）Could you tell me how to get to the park？ （5）イ

対訳と解説

（1）扇風機をつけてもよいですか。

（2）私の父はスミスさんよりも年上です。

（5）A：あそこにいる2人の女の子たちを知っていますか。

　　　B：はい。彼女らは私の妹と彼女の友達です。

　　　A：ああ、本当ですか。どちらの女の子があなたの妹ですか。

　　　B：(イ 私の妹はベンチに座っている女の子です。)

（1）May I…?＝…してもよいですか。　　turn on=(スイッチを)入れる、つける　　fan=扇風機

（2）スミスさんは父ほど年をとっていません。＝父はスミスさんより年をとっています。

（3）use=…を使う　　to do many things=たくさんのことをするために

（4）Could you…?＝…してくださいませんか。　　tell=…に(～を[～だと])話す、教える　　how to=…する方法

（5）([他の選択肢] ア 私の妹たちはベンチのそばにいる女の子たちです。　ウ その女の子は彼女の親友です。

　　エ 私の妹は友達が2人います。)

　　名詞+現在分詞(…ing形)+語句　　the girl sitting on the bench=ベンチに座っている女の子

　　over there=あそこに、向こうでは　　by=…のそばに

（1）listen （2）has, been, since （3）There, are, children

（4）I have never heard of the plan. （5）ウ

対訳と解説

（1）あなたは昨夜その歌を聞きましたか。

（2）今朝からずっと雨です。

（5）私は、私の将来について考えています。私は歌手か医者になりたいです。歌手も医者も両方すば

　　らしい仕事です。歌手は人々に夢を与えます。医者は病気の人々を助けます。私はどちらを選ぶか

　　決められません。

（1）Did+主語+動詞の原形…?　　listen=聞く、耳を傾ける　　song＝歌

（2）今朝は雨でした、そして今も雨です。＝今朝からずっと雨です。

　　主語+ have (has)+been…=ずっと…です　　since=…(して)以来

　　※天気を表す文の主語は It を用いる。この場合の It は意味を持たないため、訳さなくてよい。

（3）There is (are)=…がある[いる]　　children=子供たち

（4）主語+have (has)+never+過去分詞=今までに一度も…したことがない

　　heard of=hear of「…について聞く」の過去分詞

（5）about=…について　　future=未来、将来　　want to=…したい　　singer=歌手　　doctor=医者

　　both…and～=…も～も両方　　wonderful=すばらしい　　job=仕事　　give=(～に)…を与える

　　dream=夢　　help=…を手伝う、助ける　　sick=病気の　　people=人々　　decide=…を決める

　　which to choose=どちらをえらぶ(べき)か

（1）playing　　（2）has，been，for　　（3）playing　　（4）It will be rainy tomorrow.

（5）① イ　② ア　③ ウ

対訳と解説

（1）彼らはサッカーをしていません。　　　（2）ジェーンは３年間ずっと日本にいます。

（3）あなたはギターをひいている男の子を知っていますか。

（5）A：あなたはどこの出身ですか。

　　　B：①(イ　私はオーストラリア出身です。)

　　　A：②(ア　私はオーストラリアに行ったことがあります。)

　　　B：本当ですか。　オーストラリアはどうでしたか。

　　　A：③(ウ　すばらしかったです。)

（1）主語+be動詞+ not +…ing＝…していない

（2）ジェーンは３年前に日本に来ました。彼女はまだ日本にいます。＝ジェーンは３年間ずっと日本にいます。

　　　主語+ have (has) +been…＝ずっと…にいます　　ago=(今から)…前に　　still=まだ、今でも　　for=…の間

（3）名詞+現在分詞(…ing形)+語句　　the boy playing the guitar=ギターをひいている男の子

（4）tomorrow「明日」のことなので、will「…でしょう」　be=…になる　　rainy=雨の

（5）Australia=オーストラリア　　have been to…=…に行ったことがある　　　wonderful=すばらしい

（1）watched　　（2）just，had　　（3）I haven't finished my homework yet.

（4）マイクは数学が得意です。　　（5）イ

対訳と解説

（1）日本のアニメ映画はたくさんの国で見られています。

（3）私はまだ宿題が終わっていません。

（5）A：いらっしゃいませ。　　　　　　B：私は弟のために帽子をさがしています。

　　　A：こちらはいかがですか。　　　　B：よさそうです。しかし、彼には大きすぎます。

　　　A：(イ　もう少し小さいものを出しましょうか。)　　　B：はい、お願いします。

（1）be動詞+過去分詞＝…される　　watched=watch「…を(注意して)見る」の過去分詞

　　　animated movie=アニメ映画　　country=国

（2）主語+have (has)+just+過去分詞=ちょうど…したところです　　just=ちょうど、たった今

（3）主語+have (has)+not+過去分詞+yet＝まだ…していない　　finished=finish「…を終える」の過去分詞

　　　yet=[否定文で]まだ、今のところは

（4）be good at=…がじょうずだ、得意だ　　　math=数学

（5）([他の選択肢]　ア　もう少し大きいものを出しましょうか。　　ウ　彼はどちらの色が好きですか。

　　　エ　あなたの弟はどこですか。)

　　　look for=…をさがす　　look+形容詞=(…のよう)に見える　　too…=あまりに、…すぎる

　　　larger=より大きい(large「大きい」の比較級)　　　smaller=より小さい(small「小さい」の比較級)

　　　one=[前に出てきた名詞のかわりとして]1つ、1人

（1）looks　　（2）too,　to　　（3）To,　play,　difficult　　（4）Let's meet in front of the shop.

（5）① during　② with　③ when

対訳と解説

（1）彼女はいつも幸せそうに見えます。　　　（2）私は昨夜、勉強するには疲れすぎていました。

（5）A：あなたは冬休み①(の間)どこを訪れるつもりですか。

　　　B：私は姉と②(いっしょに)北海道を訪れるつもりです。

　　　A：本当ですか。私は小さい子供の③(ときに)北海道に住んでいました。

（1）look+形容詞＝…(のよう) に見える　　　always＝いつも　　　happy＝幸せな

（2）昨夜、私はとても疲れていたので、勉強することができませんでした。＝昨夜、私は勉強するには疲れすぎて
いました。　　too…to〜＝〜するには…すぎる　　tired＝疲れた　　so…that〜＝とても…なので〜だ

（4）Let's+動詞の原形＝…しましょう　　meet＝(…に) 会う　　in front of＝…の前で[に]

（5）{[その他の語]　between＝…(と〜)の間で[に、の]}　　visit＝「人・場所」を訪ねる　　winter vacation＝冬休み

（1）father's　　（2）Please tell me about your country.

（3）cannot (can't)　　（4）My father washes his car every week.

（5）① Have you ever heard of the game　　② I have never played the game

対訳と解説

（1）あれはだれのギターですか。―それは私の父のものです。

（2）どうぞあなたの国について話してください。

（3）A：何か問題がありますか。　　B：はい。私はこの漢字を読むことができません。

（5）A：何をしているのですか。

　　　B：新しいテレビゲームのエキサイティングサッカーをしています。

　　　①{そのゲームについて聞いたことがありますか}。

　　　A：はい、あります。しかし②{私はそのゲームを一度もしたことがありません}。

　　　それはおもしろいですか。

　　　B：はい。それは最高のサッカーゲームの１つです。

（1）father's＝父のもの　　　whose＝だれの、だれのもの　　（2）Please+動詞の原形…＝どうぞ…してください

（3）cannot (can't)＝…できない　　　any＝いくらかの　　　problem＝問題　　read＝(…を)読む

（4）主語が My father で現在のことなので washes　　　wash＝(…を)洗う　　every week＝毎週

（5）ever＝[疑問文で]今まで、かつて　　　never＝今までに一度も…しない　　one of＝…の１つ[１人]

> ＜現在完了形＞
> 主語+ have (has) +過去分詞…
> 　＝経験(…したことがあります)　(例) I have been to Kumamoto.「私は熊本に行ったことがあります。」
> 　＝完了((今)…し(終わっ)たところです)　　I have got to school.「私は学校に着いたところです。」
> 　＝継続(ずっと…しています)　　I have lived in Japan for two years.「私は２年間ずっと日本に住んでいます。」
>
> ＜現在完了進行形＞
> 主語+ have (has) + been + …ing＝ずっと…し続けています
> ※ある行動をずっと続けていることを強調したいときに使います。
> 　　　　　　(例)I have been studying since this morning.「私は今朝からずっと勉強しています。」

（1）known　　（2）How, beautiful　　（3）I call my dog Pochi.

（4）あなたが忙しいときは、私があなたを手伝います。

（5）① Gigichan is.　　② Yes, they are.

対訳と解説

（1）彼女は作家として知られています。　　（3）私は、私のイヌをポチと呼びます。

（5）今日、私は私のペットについて話します。私はネコを2匹飼っています。彼女らの名前はぎぎ
　　　ちゃんとぷうちゃんです。彼女らはとてもかわいいです。ぷうちゃんはぎぎちゃんより若いです。
　　　しかし、ぷうちゃんはぎぎちゃんより大きいです。私は彼女らは、本当の家族の一員だと思います。
　　　彼女らは、私の家族のみんなから愛されています。
　　　質問：① ぷうちゃんとぎぎちゃんのどちらが年をとっていますか。
　　　　　　② 彼女らはタロウの家族に愛されていますか。

（1）be 動詞+過去分詞＝…される　　　known=know「(…を)知っている、わかる」の過去分詞
　　　as=…として　　　writer=作家

（2）How+形容詞(副詞)！＝なんて…なのでしょう！　　beautiful=美しい　　　（3）call … ～＝…を～と呼ぶ

（4）ここでの will は「…でしょう(未来)」ではなく「…するつもりだ、…します(意思)」を表す。
　　　when=…するときに　　　busy=忙しい

（5）tell=…に（～を[～だと]）話す　　about=…について　　pet=ペット　　cute=かわいい
　　　younger=より若い(young「若い」の比較級)　　bigger=より大きい(big「大きい」の比較級)　　than=…よりも
　　　real＝本当の　　　family=家族　　　member＝一員　　love=…を愛している　　everyone＝みんな

（1）taken　　（2）looked, beautiful　　（3）stop　　（4）What were you doing then ?

（5）① I hope that you will like it　② What a nice cup

対訳と解説

（1）私はすでに写真を撮りました。

（3）A：静かにしなさい！　　B：ああ、すみません。私はすぐにギターをひくのをやめます。

（5）A：お誕生日おめでとう！これはあなたへのプレゼントです。
　　　B：ありがとう。開けてもいいですか。
　　　A：もちろん。①{私はあなたがそれを気にいることを望みます}。
　　　B：わあ。②{なんてすてきなカップでしょう}！　ありがとう。

（1）I have already+過去分詞=私はすでに…したところです。　　taken= take「(写真など)を撮る」の過去分詞

（2）look+形容詞=(…のよう)に見える　　　beautiful=美しい

（3）stop …ing＝…(するの)をやめる　　　soon=すぐに、まもなく

（4）What +be 動詞の過去形+主語+ doing ?＝～は何をしていましたか。　　　then=そのとき

（5）I hope that…=私は…であることを望む　　What+a+ 形容詞(副詞)+(…)名詞 !=なんて～な…なのでしょう！
　　　birthday=誕生日　　　present＝プレゼント　　　Can I…? ＝…してもいいですか。　　　open=(…を)開ける
　　　sure＝[返事で]もちろん、いいとも　　　cup＝カップ

（1）any　　（2）I am going to give him a present.

（3）There, were, people, festival　　（4）This picture is the most beautiful of all.

（5）① Where　② that　③ season

対訳と解説

（1）彼女はバッグの中に本を 1 冊も持っていません。　　（2）私は彼にプレゼントをあげるつもりです。

（5）A：あなたはこの夏①(どこを)訪問する予定ですか。

　　　B：私は泳ぐために沖縄を訪問する予定です。

　　　A：本当ですか。私は夏は沖縄にとって最高の③(季節)②(だと)思います。

（1）any＝[否定文などで]少しの…も（〜ない）

　　（[その他の語]　some＝いくつかの　　much＝[数えられない名詞につけて]多くの、多量の

（2）be going to＝…するつもりだ　　give＝(〜に)…を与える

（3）There was[were]＝…があった、いた　　festival＝お祭り

（4）A is the most beautiful of B＝A は B の中でいちばん美しい

（5）{[その他の語]　place＝場所}

（1）has to　　（2）that　　（3）I bought a book written by Natsume Soseki.

（4）Which is easier, math or science ?　　（5）① Yes, he does.　② He likes baseball the best.

対訳と解説

（1）彼女はそこで英語を話さなければなりません。

（3）私は夏目漱石によって書かれた本を買いました。

（5）タケシ：あなたはスポーツが好きですか。

　　　ジョン：いいえ。私はスポーツよりも音楽が好きです。あなたはどうですか。

　　　タケシ：私はスポーツがとても好きです。

　　　ジョン：あなたのいちばん好きなスポーツは何ですか。

　　　タケシ：私は野球がいちばん好きです。

　　　質問　：① ジョンは音楽が好きですか。　　② タケシのいちばん好きなスポーツは何ですか。

（1）主語が She で現在のことなので has to「…しなければならない」

（2）I'm glad that…＝私は…でうれしい

（3）名詞+過去分詞+語句＝…される[された]〜　　a book written by Natsume Soseki＝夏目漱石によって書かれた本

　　　written＝write「(…を)書く」の過去分詞　　by＝…によって

（4）which＝どちら　　easier＝よりやさしい(easy「やさしい、簡単な」の比較級)

（5）better＝よりよく、より以上に　　than＝…よりも

<that の様々な使い方>

…ということ　　　　(例) I know that you like English.「私はあなたが英語が好きだということを知っています。」

あれ、あの　　　　　That building is very old.「あの建物はとても古いです。」

関係代名詞の that　　This is the book that I bought yesterday.「これは私が昨日買った本です。」

（１）is loved　　（２）which または that　　（３）living

（４）I think that we should clean the park.　　（５）① ウ　② ア　③ イ　④ エ

対訳と解説

（１）この歌はたくさんの人に愛されています。　　（２）これは東京駅行きの列車です。

（３）私はカナダに住んでいる友達がいます。

（５）A：こんにちは。いらっしゃいませ。　　B：①(ウ ハンバーガーを２つお願いします。)

　　　A：②(ア 飲み物はいかがですか。)　　B：③(イ いいえ、けっこうです。いくらですか。)

　　　A：④(エ 620円です。)　　B：はい、どうぞ。

（１）be 動詞+過去分詞＝…される　　loved=love「…を愛している」の過去分詞　　by=…によって

（２）これは列車です、そしてそれは東京駅に行きます。＝これは東京駅行きの列車です。

　　　先行詞が a train なので、関係代名詞 which または that が入る。　　train=列車　　station=駅

（３）名詞+現在分詞(…ing 形)+語句＝…している〜　　a friend living in Canada＝カナダに住んでいる友達

（４）I think that…=私は…だと思う　　should=…すべきである　　clean=…をそうじする

（５）Would you like…?=…はいかがですか　　would like=…がほしいです　　how much=いくら

<関係代名詞> 関係代名詞は２つの文を１つにつなぐはたらきがあります。

　先行詞が人の場合は who か that を、先行詞が物や動物の場合は which か that を選びます。

　(例) He is a boy.「彼は男の子です。」　　+　　He can run fast.「彼は速く走ることができます。」

　　　=He is a boy who can run fast.「彼は速く走ることができる男の子です。」

　　　That is the bus.「あれはバスです。」　　+　　The bus goes to Kumamoto.「そのバスは熊本行きです。」

　　　=That is the bus which goes to Kumamoto.「あれは熊本行きのバスです。」

（１）have to　　（２）must, not　　（３）help, with

（４）These cookies made by her are delicious.　　（５）① ウ　② ア　③ イ

対訳と解説

（１）彼は早く起きなくてもよいです。　　（２）あなたはそのような雑誌を読んではいけません。

（３）A：私はあなたに宿題を手伝ってほしいです。それは難しすぎます。

　　　B：もちろんです。放課後図書室へ行きましょう。

（５）A：①(ウ 向こうを走っている男の子はだれですか。)

　　　B：彼はタカシです。彼はとても速く走ることができます。

　　　A：②(ア 彼はあなたよりも速く走ることができますか。)

　　　B：もちろん。③(イ 彼は私のクラスでいちばん速い走者です。)

（１）主語+doesn't+動詞の原形　　have to=…しなければならない　　get up=起きる、起床する　　early=早い、早く

（２）そのような雑誌を読むな。＝あなたはそのような雑誌を読んではいけません。

　　　must not=…してはいけない　　such…=そのような…　　magazine=雑誌

（３）help…with〜=…を〜の面で手伝う　　want+人+to+動詞の原形=(人に)…してほしい

　　　too=あまりに、…すぎる　　difficult=難しい　　let's=…しよう　　after school=放課後

（４）名詞+過去分詞+語句＝…される[された]〜　　cookies made by her＝彼女によって作られたクッキー

（５）名詞+現在分詞(…ing)+語句＝…している〜　　the boy running over there＝向こうを走っている少年

　　　run=走る　　fast=速い、速く　　faster=より速い[く]　　fastest=いちばん速い[く]　　runner=走者

（1）who　　（2）so, that　　（3）I was studying when you called me.

（4）Do you know how to buy the ticket ?　　（5）① When　② ago　③ How　④ ever

対訳と解説

（1）私は英語教師のおじがいます。

（3）あなたが私に電話をしたとき、私は勉強していました。

（5）A：あのお城は①(いつ)建てられましたか。

　　　B：それは300年②(前)に建てられました。

　　　A：③(なんて)古いのでしょう！　あなたは④(今まで)にそこへ行ったことがありますか。

　　　B：はい、あります。

（1）直前の人、an uncle「おじ」を修飾するので、関係代名詞 who を選ぶ。　　uncle＝おじ　　teacher＝教師

（2）so…that～＝とても…なので～だ

（3）was, were＋…ing＝(過去のある時点で)…していた　　when＝…するときに　　call＝(…に)電話をかける

（4）how to＝…する方法

（5）castle＝城　　built＝build「…を建てる」の過去分詞　　about＝およそ　　there＝そこに[で、へ]

（1）but　　（2）Do you know the man running with a dog ?

（3）英語を話すことは私にとって難しいです。　　（4）Be careful.

（5）(解答例)① I will visit your house next Sunday.　② I want to cook dinner with you.

対訳と解説

（1）私は数学が好きではありませんが、理科は好きです。

（2）あなたはイヌと走っている男性を知っていますか。

（5）＜ジェーンからのEメール＞

　　　ハイ、けいこ。誕生日プレゼントをありがとう。この料理本はとてもよいです。たくさんのレ

　　シピが本にのっています。それらはとてもおいしそうに見えます。もしあなたが今度の日曜日ひ

　　まなら、どうぞ私の家に来て下さい。いっしょにいくつかの料理を作りましょう。

　　　＜けいこの返信のEメール＞

　　　ハイ、ジェーン。あなたがその料理本を気に入ってくれて私はうれしいです。

　　(解答例訳)① 私は今度の日曜日にあなたの家を訪れるつもりです。

　　　　　　　② 私はあなたと夕食を作りたいです。

（1）but＝しかし　　([その他の語]　and＝そして　or＝…または～)　　math＝数学　　science＝理科

（2）名詞＋現在分詞(…ing形)＋語句＝…している～　　the man running with a dog＝犬と走っている男性

（3）It is…(for＋(人))＋to＋動詞の原形＝((人)が)～することは…です　　difficult＝難しい　speak＝(ある言語を)話す

（4）動詞の原形…＝…しなさい　　careful＝注意深い

（5）cooking＝料理　　look＋形容詞＝(…のよう)に見える　　delicious＝とてもおいしい　　if＝もし…ならば

　　free＝ひまな　next＝今度の　house＝家　let's＝…しよう　cook＝(…を)料理する　dish＝料理

（1）to be　　（2）There,　between　　　（3）He can speak not only English but also Chinese.

（4）I want him to sing the song.

（5）① Yes, she is.　　② She will have a concert on Thursday.

対訳と解説

（1）私の夢は英語教師になることです。

（3）彼は英語だけでなく中国語も話すことができます。

（5）おはようございます、みなさん。10月5日の水曜日です。昨日、日本人歌手のウカリマスヨがニューヨークに到着しました。彼女は日本でとても人気があります。彼女は明日、シティホールでコンサートを行います。

　　質問：① その歌手は日本で人気がありますか。

　　　　　② その歌手は何曜日にコンサートを行いますか。

（1）to be an English teacher＝英語教師になること　　　dream＝夢　　　teacher＝教師

（2）There is[are]＝…がある、いる　　　between＝…(と〜)の間で[に、の]

（3）not only … but(also)〜＝…だけでなく〜もまた

（4）want＋人＋ to ＋動詞の原形＝(人に)…してほしい　　　sing＝(…を)歌う

（5）October＝10月　　　fifth＝5日、5番目の　　　Wednesday＝水曜日　　　singer＝歌手

　　arrive in＝…に着く、到着する　　　popular＝人気のある　　　concert＝コンサート　　　what day＝何曜日

（1）made　　（2）Yuji can run as fast as Masao.　　（3）What,　language,　spoken

（4）Have you finished your homework yet ?

（5）① No, he didn't.　　② Because he (his father) likes Japanese food.

対訳と解説

（1）これは日本製のコンピュータです。　　（2）ユウジはマサオと同じくらい速く走ることができます。

（5）今日、ケンはレストランで彼の父と昼食をとりました。ケンのいちばん好きな食べ物はカレーライスですが、彼は昨日それを食べました。だから、彼はピザを食べました。彼の父は和食が好きなので、テンプラを食べました。

　　質問：① ケンはレストランでカレーライスを食べましたか。

　　　　　② なぜケンの父はテンプラを食べましたか。

（1）名詞＋過去分詞＋語句＝…される[された]〜　　 a computer made in Japan＝日本で作られた(日本製の)コンピュータ

（2）as…as〜＝〜と同じくらい…　　　run＝走る　　　fast＝速い、速く

（3）what language＝何語　　　spoken＝speak「(ある言語を)話す」の過去分詞

（4）Have＋主語＋過去分詞…?＝(すでに)…しましたか。　　　finish＝…を終える　　　yet＝[疑問文で]もう、すでに

（5）lunch＝昼食　　　restaurant＝レストラン　　　food＝食べ物　　　curry and rice＝カレーライス

　　ate＝eat「食べる」の過去形　　　so＝だから、それで、では　　　pizza＝ピザ

　　because＝…だから、…なので　　　why＝なぜ

（1）Can　　（2）Let me tell you about my dream.　　（3）wish,　could,　like
（4）Eat breakfast, or you will be hungry soon.　　（5）① so　② When　③ because　④ If

対訳と解説

（1）あなたはパーティに来ることができますか。

（2）私の夢について話をさせてください。

（5）親愛なるジェーン。私は夏休みの間、ホストファミリーと清水寺を訪れました。それは京都で
　　いちばん有名な寺の１つです。私は日本の伝統文化が好き①（なので）、わくわくしました。私がそ
　　こを訪れた②（とき）、その寺が古いだけでなく美しかった③（ので）私は驚きました。④（もし）あなた
　　が将来京都を訪れたら、清水寺を見るべきです。

（1）Can you…?＝あなたは…できますか。　　（［その他の語］　may＝【許可】…してもよい　want＝…がほしい）

（2）let＋人＋…＝人に…させる　　tell＝…に（～を[～だと]）話す、教える　　about＝…について

（3）＜仮定法＞wish＋(that)＋主語＋could＝（～が）…であればよいのに　　like＝…のように

（4）動詞の原形～＝…しなさい　　or＝[主に命令文のあとで]そうしなければ

（5）visit＝[人・場所]を訪ねる　　host family＝ホストファミリー　　during＝…の間に　　famous＝有名な
　　temple＝寺　　traditional＝伝統的な　　culture＝文化　　excited＝わくわくした　　surprised＝驚いた
　　not only … but (also)～＝…だけでなく～もまた　　old＝古い　　beautiful＝美しい　　in the future＝将来に
　　should＝…すべきである　　see＝…を見る

（1）written by　　（2）If,　had,　would,　around
（3）He has been watching TV for three hours.
（4）This is a cup which（または that）Saori gave me yesterday.
（5）① visited　② opened　③ largest　④ Reading

対訳と解説

（1）その本は夏目漱石によって書かれましたか。

（3）彼は３時間ずっとテレビを見ています。

（5）あなたはこれまでに新しい図書館を①（訪れた）ことがありますか。その図書館は先月②（開きまし
　　た。）それは市で③（いちばん大きな）図書館です。本を④（読むこと）は私の趣味です。私は昨日そ
　　こを訪れて、たくさんの本を借りました。

（1）be動詞＋過去分詞＝…される　　written＝write「（…を）書く」の過去分詞　　by＝…によって

（2）＜仮定法＞If＋主語＋動詞の過去形, 主語＋(would/could)＋動詞の原形＝もし（一が）…であれば、～だろう（に）
　　a lot of＝たくさんの　　around the world＝世界中を

（3）主語＋have (has)＋been＋…ing＝ずっと…し（続け）ている　　for＝…の間

（4）先行詞 cup が物なので、関係代名詞 which または that が入る。

（5）ever＝[疑問文で]今まで、かつて　　new＝新しい　　city＝市、都市　　hobby＝趣味　　thing＝もの、こと
　　borrow＝…を借りる

※次のページに仮定法の詳しい説明があります。

<仮定法>
仮定法は、現実には起こらないと思っている願望を表すときに使われます。
[If を使う表現] If +主語+動詞の過去形, 主語+(would/could)+動詞の原形
　　　　　　＝もし(ーが)…であれば、～だろう(に)
　　(例) If I had a rocket, I would fry to the moon.「もし私がロケットを持っていたら、月に飛んで行くのに。」
　　　　If I※were you, I would eat breakfast.「もし私があなたなら、朝食を食べるでしょう。」

[wish を使う表現] 主語+ wish + (that)+主語+(助)動詞の過去形＝(～が)…であればよいのに
　　　　　I wish I could swim like a dolphin.「イルカのように泳ぐことができたらよいのに。」
　　　　　I wish John※were here.「ジョンがここにいればよいのに。」
　　　　　※be 動詞を使う場合は主語が何であっても were を使います。

解答例　第35回テスト

（1）better
（2）If,　were,　would,　finish
（3）I'm looking forward to summer vacation.
（4）I have been doing my homework since this morning.
（5）(解答例)My dream is to be a soccer player because I like playing soccer very much.
　　　I have a lot of favorite soccer players.　I will practice soccer hard to be a good soccer
　　　player like them in the future.

対訳と解説

（1）タカシは私よりじょうずに英語を話すことができます。
（3）私は夏休みを楽しみ待っています。
（5）私は歌うことがとても好きなので、私の夢は歌手になることです。私はたくさんのお気に入りの
　　歌手がいます。彼らの歌はいつも私を幸せにします。私は将来彼らのような歌手になりたいです。
　　だから私はもっと歌うことを練習します。あなたの夢について教えてください。

（1）better=well「よく」の比較級　　　([その他の語] best=well の最上級)　　　than=…よりも
（2）<仮定法>If +主語+ were, 主語+(would/could)+動詞の原形＝もし(ーが)…であれば、～だろう(に)
　　finish=…を終える　　　first=第1に、最初に
（3）look forward to=…を楽しみに待つ
（4）主語+ have (has) + been+ …ing＝ずっと…し(続け)ている　　　since=…(して)以来
（5）(解答例訳) 私はサッカーをすることがとても好きなので、私の夢はサッカー選手になることです。私はたくさ
　　んのお気に入りの選手がいます。私は将来、彼らのようなよい選手になるために、一生懸命サッカーを練習します。
　　dream=夢　　　singer=歌手　　　because=…だから、…なので　　　favorite=お気に入りの
　　song=歌　　　always=いつも　　　make +(人・もの)+ …＝(人・もの)を…の状態にする　　　happy=幸せな
　　want to=…したい　　　like=…のような　　　in the future=将来に　　　practice=(…を)練習する
　　tell=…に (～を[～だと])話す、教える　　　about=…について　　　player=選手　　　hard=一生懸命